patchwork quilt with my pleasure

patchwork quilt with my pleasure

斉藤謠子の
美麗日常拼布
設計集

溫馨收錄
25 款實用布包・布小物・家飾用品

patchwork quilt with my pleasure

前言

一直持續著拼布製作到現在，隨著年齡增長，對於顏色的喜好也會跟著改變。再次檢視完成的作品，發現本書使用的明亮色系變多，是不是感覺起來更生動活潑了一些呢？雖然最近貼布縫的作品增加了不少，但是對我來說，拼布依然很有趣。重覆著簡單的幾何圖形組合，愈縫愈覺得開心。本書介紹了小型尺寸的掛毯，相同尺寸的設計，之後也想作成壁飾。

書內增加了不需拼接也不用壓線，運用一片布就能成形的包包作法。選用較厚的布料，袋身更加堅固厚實。像這樣的布，過去被認為難以使用於拼布上，但我使用在裡布上，正面會呈現出美麗的陰影。在此之前，厚布也大多使用先染布，試著改變現有的作法，享受製作的過程也是很好的嘗試。推薦大家使用在包包的裡布上。包形直挺，拼布成品也很漂亮，最重要的是，打開包包時的愉悅心情。即使自己沒有特別感受到不同，但我的拼布，仍是每天一點一點地在改變著，大家也請享受著自己的變化，繼續創作下去吧！

斉藤謠子

Contents

筆直豎立的麥穗延伸到提把位置。
將質樸而一心一意往上伸展的樣子，化作圖案。

›› p. 060

青鳥悄悄地停靠在樹上。

運用留白的技法,格子上繡出壓線。

裝上兩個種類的提把。

將小包分成拼接及貼布縫兩個部分。

搭配拉鍊顏色，樂趣十足。

木製提把圓形包

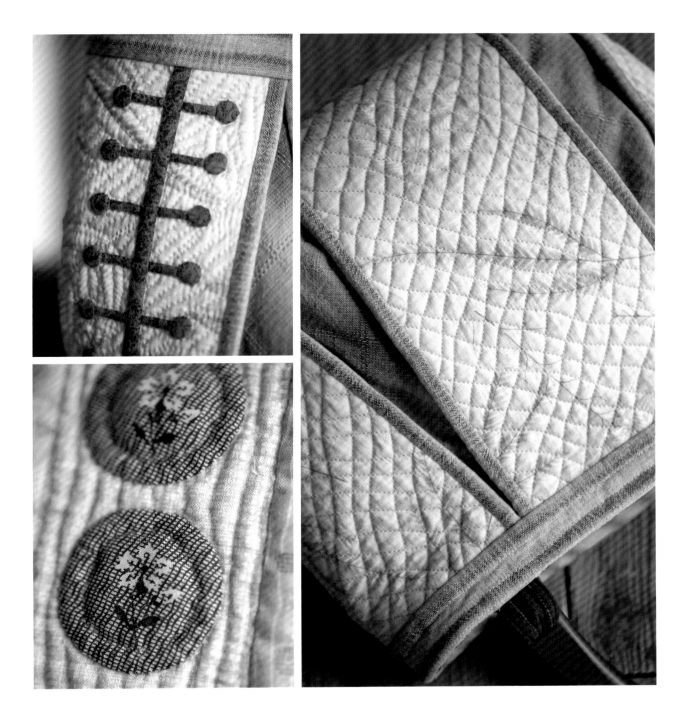

線與圓的幾何圖案給人俐落且時尚的印象。
包包本體夾入格紋布料，製作出圓形包款。

藍色花朵是想像之花。連接好幾個圖案,形成奇幻的設計。
作為基底的布料上,使用葉片紛飛的印花布呈現立體感。

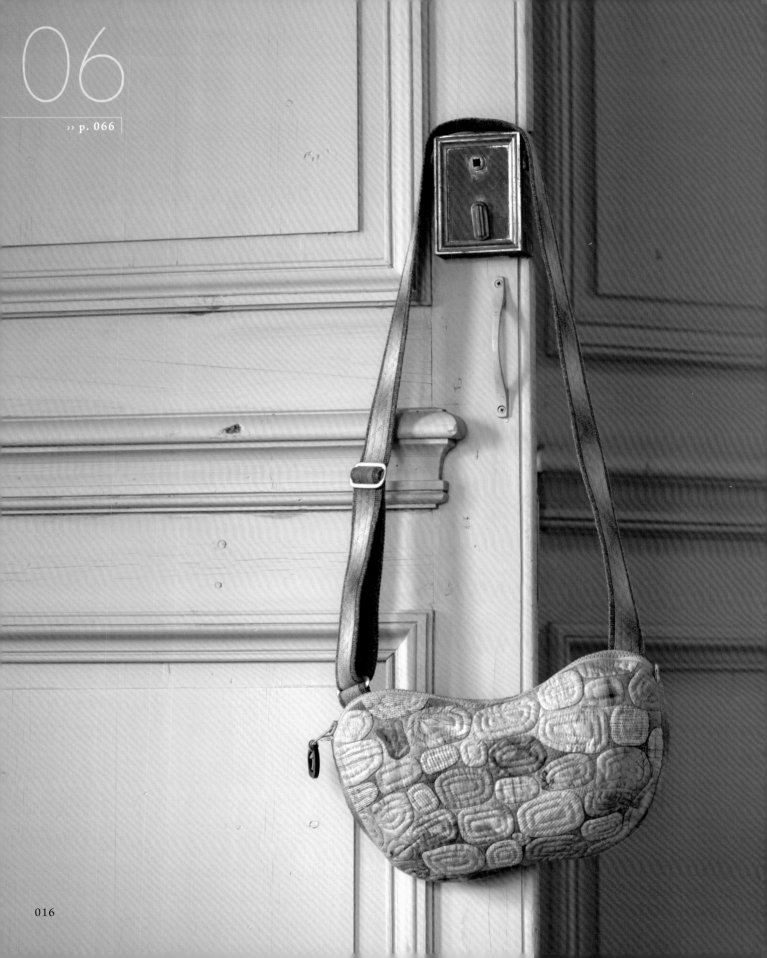

石頭造型肩背包

貼布縫的造型就像是異國的石磚路。
作成肩背包,懷著旅行的心情使用吧!

心形＆鳥兒造型圓形提籃

被心形包圍的鳥群們，將幸福帶給我們。

放入厚棉襯與鋪棉，使提籃形狀更加硬挺。

將掛耳當作鳥的嘴巴，提把當作尾巴。
可愛的小鳥造型拉鍊包，要放什麼好呢？

散發出民間藝術的樸實風格貼布縫。
底部的壓線繡出竹編交錯的圖案。

迷你馬爾歇包

弧線布片使用深色的布料，組合而成的圖案，簡單而顯目。
像抓住提把般以布料包覆後，呈現膨起的形狀。

四角圖案拼接化妝包

製作出正正方方的形狀，收納空間大。
拉鍊的把手及掛耳等部位，細部的處理也很用心。

花籃造型迷你壁飾

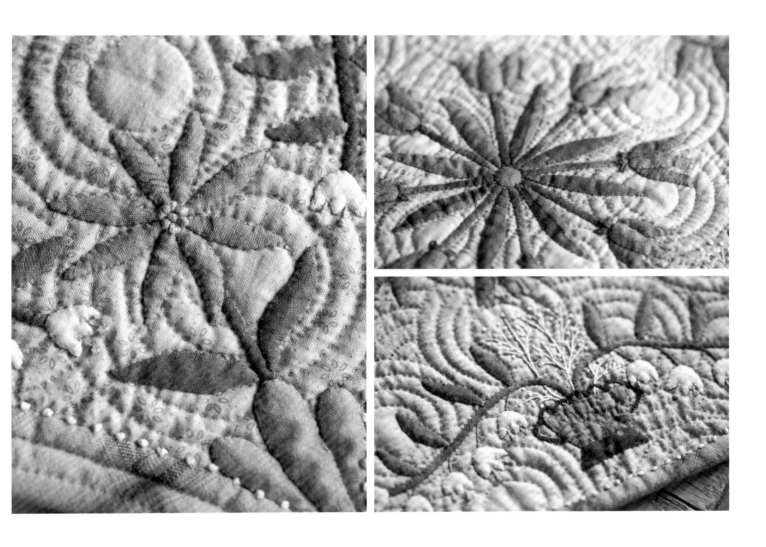

線條分明的可愛花朵們。
層層疊疊的圓形壓線，有如拍打節奏一般。

以立體花朵裝飾扇形袋口。就像是野花的花束一樣。

正方形圖案組合壁飾

連續相連的四角形圖案呈現立體感，搭配兩種顏色製作。
從遠方看像是貼布縫，但全部都以拼接方式製作。

15

打褶造型祖母包

獨特圖案的布料不使用拼接及壓線技法。推薦給喜歡包身柔軟的你。

不使用時能夠摺疊收納，不需要裡布，只需一片布料就能完成。

橫長形波士頓包

尺寸較小的波士頓包,以一片布料製作。

附上口袋及拉鍊,非常實用。

製作了稍大的尺寸，可以當作化妝包及手拿包的包款。

拉長提把長度，讓提把變得容易拿取。

寬側身肩背包

剝皮柳橙的圖案搭配上膨鬆的圓形包身,十分適合。
側身也是大空間的設計。

深色帶有沉穩感的肩背包。
袋蓋的金屬釦件是一大亮點。

波士頓包的配件多，將每個配件細心地組合起來，完成令人滿足的作品。

我特別喜歡這個包包多口袋的設計。

使用方便的可直立式筆袋。
也能收納手工藝作品的使用工具。

樹木造型筆記本套

將普通的筆記本套上書衣後，很期待能使用它。
以樹木為主題的封面以拼接製作，背面則以刺繡方式完成。

23

›› p. 098

貓咪與狗兒單提把包

散步時攜帶方便，附提把的小包。

提把可拆卸，也能夠掛在其他包包上，有各種不同的使用方法。

動物貼布縫卡片夾

使用交通卡的頻率很高，以喜歡的動物圖案製作卡片夾吧！
在夾口處設計了鋸齒造型。

製作注意事項

主要使用工具

拼布作業使用的工具

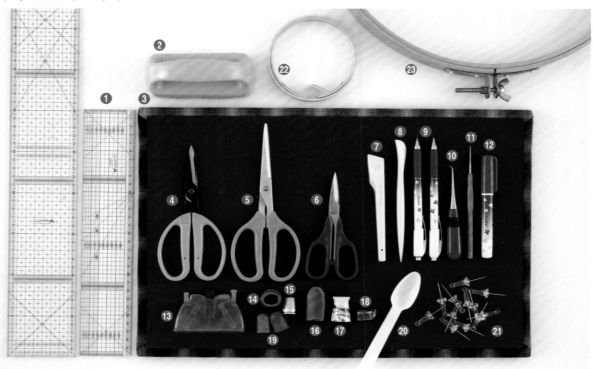

❶量尺　製圖或製作紙型時，在布上畫線時使用。拼布用的款式有附方眼格或平行線，尺寸長短皆有，使用方便。

❷布鎮　製進行貼布縫，或是無法放入壓線框的小尺寸布料壓線時使用。附把手的布鎮移動方便。

❸拼布燙板　單面是砂紙及麂皮材質，背面是拼布專用熨斗燙板。大尺寸容易使用。

❹裁紙用剪刀　專門用於裁紙的剪刀。建議選用大握柄、刀片薄的剪刀。

❺裁布用剪刀　專門用於裁布的剪刀。建議選用大握柄及輕巧的剪刀，手比較不容易累。

❻裁線用剪刀　專門用於裁線的剪刀。握柄容易拿取及卸下，建議使用大握柄。

剪刀依不同用途分開使用，能讓使用壽命變長。

❼骨筆　使用在縫份倒向、緊壓摺線、打開摺線時的工具。不需要使用熨斗就能完成作業。

❽貼布縫刮刀　使用於貼布縫曲線部份的縫份倒向。適合使用在小尺寸的圓形圖案上。

❾記號筆　在布上作記號的筆。白色系布料使用黑色筆，黑色系布料使用白色筆，比較容易辨別。

❿彎頭錐子　解開縫線，拉出化妝包及包包的邊角時，車縫防止布料錯開時皆可使用。

⓫錐子　組裝細小零件時使用。。

⓬口紅膠　代替珠針或假縫，暫時固定用。

⓭穿線器　將針與線搭配成組，簡易穿線工具。

⓮頂針　製作拼布，壓針時使用。

⓯金屬製頂針　壓線時使用。因為是金屬製頂針，壓針時手指不會感到疼痛。

⓰皮革製頂針　為了止滑，重疊在金屬製頂針上，製進行貼布縫時，可以保護手指。

⓱陶瓷製頂針　壓線時，接針往上壓時使用。

⓲戒指切線器　在沒有持針的大姆指上，刀刃向上，戒指套入大姆指。

切線時，不需要剪刀就可以完成，非常方便。

⓳橡膠防滑指套　牢牢地抓住針，拉線時使用。

⓴湯匙　假縫時的接針使用。塑膠製的有彈性，容易使用。

㉑圖釘　假縫固定時，或放置在木板或榻榻米上固定時使用。

㉒刺繡框　夾入刺繡布所使用的框。外側沒有螺絲，所以容易嵌入。

㉓壓線框　大型作品壓線時使用。

拼布用語集

針 （原寸）

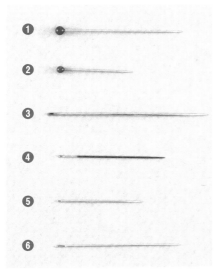

❶珠針 暫時固定布料時使用的針。可以用在拼布或其他用途。

❷珠針 貼布縫用。貼布縫用短珠針較為順手方便。

❸假縫針 假縫時使用長度長及粗徑的針。

❹貼布縫針 拼接及貼布縫時使用的細尖針。

❺壓線針 壓線時使用的短且柔軟有彈性的針。

❻刺繡針 刺繡時使用。會依使用的線徑粗細及條數分為不同尺寸。

線

假縫線 拼布使用的假縫線以縫合短距離的情況較多，比起捆式裁縫用假縫線，捲軸式類型使用上比較方便。

縫線 拼接時使用60號線

壓線用線 壓線時搭配布料顏色選擇線的顏色，成品會很美麗。

合印 對齊2片以上的布料與紙型時，防止位置錯開而作的記號，使用於縫合弧線造型。

貼布縫 在底布上方，放上裁剪好的圖案布料，以藏針縫方式縫合。

補強布 壓線時，與表布重疊，位在布襯下方，與裡布有相同功用，壓線後加上中袋及裡布，組合好的包包從正面看不見補強布。

抽褶 將平面的布製作成立體造型的技法。縫份以平針縫作縮縫製作形狀。

裡布 拼布內側使用的布料。

內藏直針藏針縫 藏針縫的技法之一。縱向入針，縫線藏於內側深處。

落針壓線 進行貼布縫及布片縫線的壓線。

表布 以拼接及貼布縫等技法製作，位於作品外側的布料。

回針縫 一針進，一針回的縫法。

風車倒向法 完成嵌入式拼接後，將重疊的縫份如同風車一樣，往同一方向倒向。也使用在平針縫連接六角形。

單向倒向法 拼接好的2片縫份選擇一個方向倒向。

縫份倒向摺份 縫份倒向時，縫線到摺線之間的空間。

壓線 重疊表布、鋪棉、裡布後假縫，一起進行縫合。

鋪棉 表布與裡布中間放入的芯。

平針縫 基礎的縫法。

口布 袋子及口袋等開口部份使用的布料。

ㄇ字縫合 縫合返口時使用的縫法。採垂直入針方式縫合。

假縫 正式縫製前，為了避免布料歪斜或錯開，暫時粗縫固定。

貼布襯 能使用熨斗直接燙貼的布襯。有單面背膠及雙面背膠，不同種類。

厚布襯 材質是不織布等製作而成，能使用熨斗燙貼的布襯。用於包包底部及側身，固定形狀。

直接裁剪 不加縫份，依標示尺寸裁剪布料。

抓褶 製作造型時，抓褶布料的一部分。

釦絆 加在化妝包或包包上，手提繩的部份。

起針打結·收針打結 始縫處起針打結，止縫處收針打結，在線的邊端打結，或收尾時的打結。

底布 進行貼布縫或刺繡時，作為基底的布料。

正面相對 2片布縫合時，正面相對，在內側對齊。

連續式拼接 縫合布片時，從縫線的一邊縫至另一邊的縫法。

縫份 縫合布料時所需要的布寬。

嵌入式拼接 縫合布片時，從縫線記號處縫至記號處。

包邊處理 布邊的處理方法，周圍使用斜紋布或橫條紋布包邊處理。

圖案 拼布上層布的圖案

單片布片（piece） 英文有「單片」的意思，裁切布料後的最小單位。

單片拼接 將小片布塊拼接成圖形。

邊框（border） 英文有「邊緣」的意思，外圍像邊框一樣縫上別布。

捲針縫 布邊以螺旋狀方式進行捲針縫合。

側身 包包的厚度。

布邊補強布 用於布邊處理及補強使用。

作法
HOW TO MAKE

- 圖中的尺寸單位皆為cm。
- 作法圖示及紙型皆不含縫份。
  沒有指定直接裁剪時（含縫份或不需要），
  拼接縫份皆留0.7cm，貼布縫預留0.3cm再裁剪布料。
- 作品完成尺寸會標示在製圖圖面尺寸。
  因縫線或壓線，可能會有尺寸改變的情況發生。
- 壓線後如果比成品尺寸大時，多少會有布料伸縮的情形。
  完成壓線後再次確認尺寸，再進到下一個步驟。
- 包包的組合或壓線有一部份使用車縫，也可以用手縫完成。
- 基礎繡法請參考P.79。

01 麥穗造型單提把包　›› p.006　原寸紙型　A面

[材料]
貼布縫用布…使用兩用包（含底部）、本
體A…淡棕色印花布50×40cm、本體B…
灰色格紋布50×40cm、裡布…米色格紋布
（含內口袋‧側身口袋）110×70cm、鋪
棉100×50cm、補強布20×20cm、厚布
襯30×15cm、薄布襯40×10cm、雙面膠
紙15×15cm、25號繡線各色適量

[作法]
1 進行貼布縫、刺繡後，再製作本體A表布
　2片。
2 步驟1本體B表布、側身口袋各自與鋪棉
　‧裡布重疊後縫合、壓線。
3 縫合本體A的2片提把，以藏針縫縫提把
　裡布。製作內口袋後暫時固定。
4 將側身口袋暫時固定在本體B上。

5 對齊步驟3與4，縫合脇邊，處理縫份。
6 底表布上重疊鋪棉‧補強布後壓線，與
　本體縫合，底裡布進行藏針縫。

[配置圖]

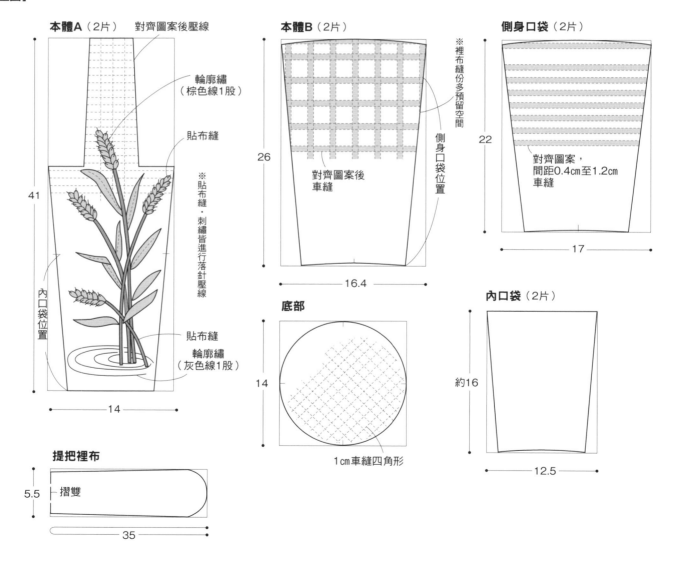

058

〈本體A〉

①在A表布上進行貼布縫·刺繡。

A表布（正面）

②縫合。

③裁剪多餘的布襯。
※製作2片。

正面相對

④開牙口。

A裡布（背面）

鋪棉

翻回正面

A表布（正面）

A表布（正面）

②2片正面相對後縫合。

②壓線。

提把裡布（正面）

①壓線。

③以捲針縫縫提把裡布。

①貼上薄布襯（直接裁剪）。

A裡布（正面）

②彎弧處以平針縫縮縫。

對齊記號

正面相對

縫合

內口袋裡布（背面）

翻回正面

內口袋表布（正面）

車縫提把

0.6
0.1

A表布（正面）

A裡布（正面）

①車縫。
0.1

②暫時固定內口袋

內口袋表布（正面）

〈本體B〉 ※製作2片。

正面相對

②裁剪多餘的鋪棉。

B表布（正面）

①縫合。

鋪棉

①開口處。
0.1

翻回正面

②車縫。

※側身口袋也依相同方式製作。

B表布（正面）

側身口袋表布（正面）

暫時固定側身口袋

B裡布（背面）

※多預留裡布脇邊縫份的空間。

①本體A與B正面相對後縫合。

A裡布（正面）

B裡布（正面）
①

內口袋

②包住縫份後進行捲針縫。

〈底部〉

鋪棉
②車縫

底表布（正面）

補強布

①貼上厚布襯（直接裁剪）。

①本體與底部正面相對後縫合。

底部·補強布

本體裡布（正面）

④縫份以平針縫作縮縫。

⑤藏針縫。

底裡布（正面）

②貼上雙面膠紙（直接裁剪）。

③貼上厚布襯（直接裁剪）。

①縫份向內側摺，進行藏針縫。

[完成圖]

約26

14

小鳥與樹木造型兩用包 ›› p.008　原寸紙型　A面

[材料]

拼布・貼布縫用布…使用零碼布、本體表布…灰色格紋 米色格紋各50×40cm、口布表布與裡布・肩背帶 灰色斜紋軟呢風格（含包鈕布）70×20cm、裡布・鋪棉各90×40cm、寬3cm織帶65cm、直徑2cm的磁釦一組、縫份處理用斜紋布2.5×80cm、貼布襯65×5cm、25號繡線各色適量

[作法]

1 進行拼接・貼布縫・刺繡後，製作2片本體表布。

2 步驟 1 各自重疊鋪棉・裡布後，縫合彎弧處。翻回正面後壓線。

3 對齊2片本體，縫合脇邊、底部、側身，處理縫份。

4 製作肩背帶。

5 於本體袋口加上口布。

6 口布重疊肩背帶後處理縫份。

[配置圖]

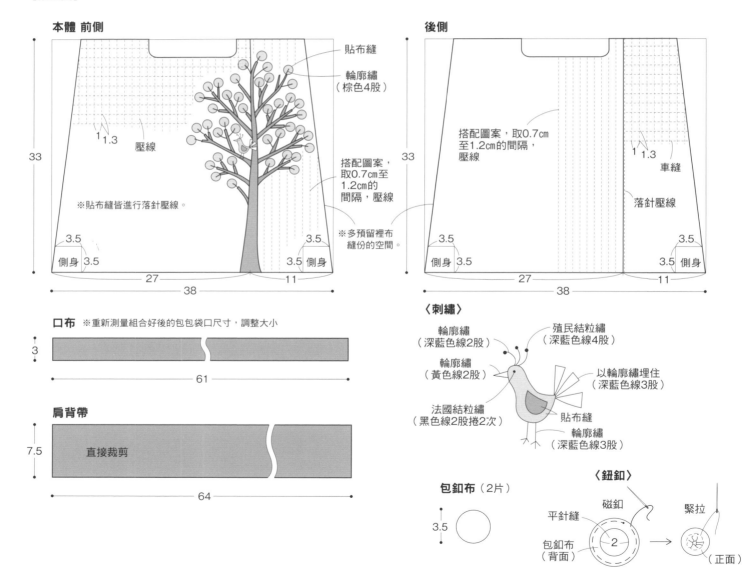

本體 前側

貼布縫
輪廓繡（棕色4股）
1 1.3
壓線
搭配圖案，取0.7cm至1.2cm的間隔，壓線
※貼布縫皆進行落針壓線。
33
3.5
側身 3.5
3.5
3.5 側身
27
11
38
※多預留裡布縫份的空間。

後側

搭配圖案，取0.7cm至1.2cm的間隔，壓線
1 1.3
車縫
落針壓線
33
3.5
側身 3.5
3.5 側身
27
11
38

口布 ※重新測量組合好後的包包袋口尺寸，調整大小
3
61

肩背帶
直接裁剪
7.5
64

〈刺繡〉

輪廓繡（深藍色線2股）
殖民結粒繡（深藍色線4股）
輪廓繡（黃色線2股）
以輪廓繡埋住（深藍色線3股）
法國結粒繡（黑色線2股捲2次）
貼布縫
輪廓繡（深藍色線3股）

包鈕布（2片）
3.5

〈鈕釦〉
磁釦
緊拉
平針縫
包鈕布（背面）
2
（正面）

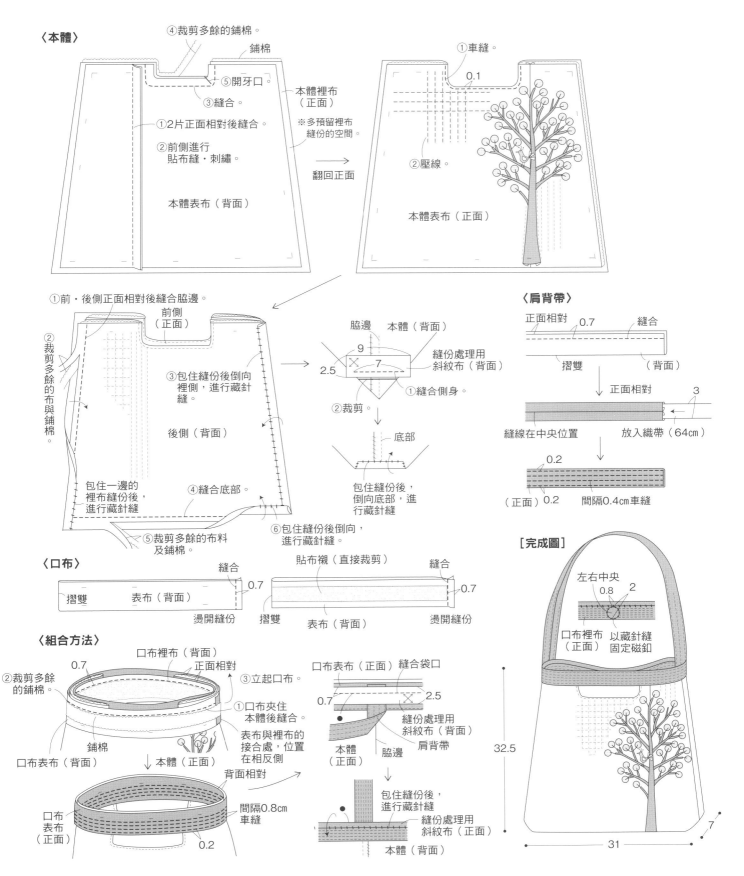

〈本體〉

④裁剪多餘的鋪棉。

鋪棉

⑤開牙口。

③縫合。

本體裡布（正面）

①2片正面相對後縫合。

※多預留裡布縫份的空間。

②前側進行貼布縫・刺繡。

本體表布（背面）

翻回正面 →

①車縫。

0.1

②壓線。

本體表布（正面）

①前・後側正面相對後縫合脇邊。

前側（正面）

②裁剪多餘的布與鋪棉。

③包住縫份後倒向裡側，進行藏針縫。

後側（背面）

包住一邊的裡布縫份後，進行藏針縫

⑤裁剪多餘的布料及鋪棉。

④縫合底部。

⑥包住縫份後倒向，進行藏針縫。

脇邊　本體（背面）

9

2.5

7

縫份處理用斜紋布（背面）

①縫合側身。

②裁剪。

底部

包住縫份後，倒向底部，進行藏針縫

〈肩背帶〉

正面相對　0.7　縫合

摺雙　（背面）

正面相對　3

縫線在中央位置　放入織帶（64cm）

0.2

（正面）0.2　間隔0.4cm車縫

〈口布〉

縫合

摺雙　表布（背面）　0.7

燙開縫份

貼布襯（直接裁剪）　縫合

摺雙　表布（背面）　0.7

燙開縫份

[完成圖]

左右中央

0.8　2

口布裡布（正面）　以藏針縫固定磁釦

32.5

31　7

〈組合方法〉

②裁剪多餘的鋪棉。

0.7

口布裡布（背面）

正面相對

③立起口布。

①口布夾住本體後縫合。

表布與裡布的接合處，位置在相反側

鋪棉

口布表布（背面）

本體（正面）

背面相對

間隔0.8cm車縫

口布表布（正面）

0.2

口布表布（正面）縫合袋口

0.7　2.5

縫份處理用斜紋布（背面）

本體（正面）

肩背帶

脇邊

包住縫份後，進行藏針縫

本體（背面）

縫份處理用斜紋布（正面）

[材料]（1件）

底布‧拼布‧貼布縫用布…使用零碼布（含拉鍊邊布）、裡布‧鋪棉各20×20cm、任意類型的拉鍊32cm、拉鍊頭1個、25號‧5號繡線各色適量

[作法]

1 在底布上進行貼布縫‧刺繡，製作前‧後側表布，B進行拼接後，製作前側表布。

2 將步驟1各自重疊鋪棉‧裡布後縫合，壓線。

3 縫合前‧後側。

4 袋口加上拉鍊，加上拉鍊頭後，進行布邊處理。

[配置圖]　※刺繡除了指定之外，皆使用25號繡線。

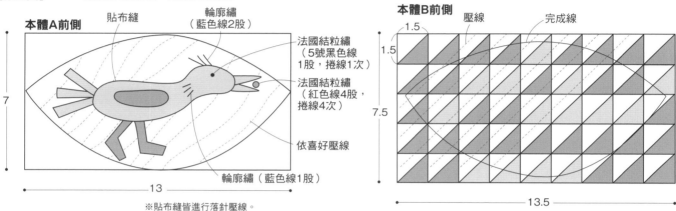

本體A前側

貼布縫　輪廓繡（藍色線2股）

法國結粒繡（5號黑色線1股，捲線1次）

法國結粒繡（紅色線4股，捲線4次）

依喜好壓線

輪廓繡（藍色線1股）

7

13

本體B前側

壓線　完成線

1.5

1.5

7.5

13.5

※貼布縫皆進行落針壓線。

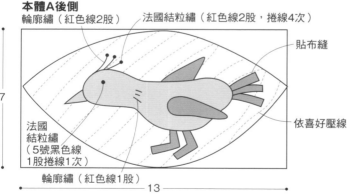

本體A後側

輪廓繡（紅色線2股）　法國結粒繡（紅色線2股，捲線4次）

貼布縫

依喜好壓線

法國結粒繡（5號黑色線1股捲線1次）

輪廓繡（紅色線1股）

7

13

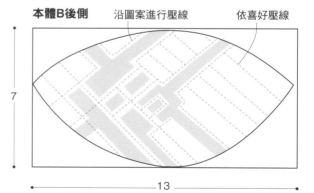

本體B後側

沿圖案進行壓線　依喜好壓線

7

13

拉鍊檔布

直接裁剪

3

3

〈**本體A**〉

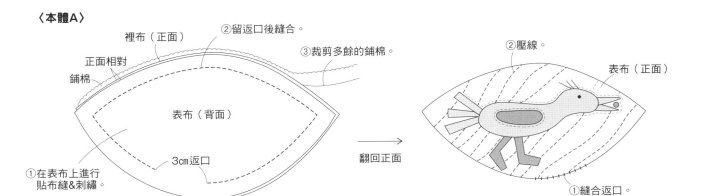

裡布（正面）
②留返口後縫合。
③裁剪多餘的鋪棉。

正面相對
鋪棉

表布（背面）

3cm返口

①在表布上進行
貼布縫&刺繡。

翻回正面

②壓線。
表布（正面）

①縫合返口。

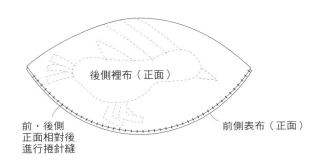

後側裡布（正面）

前側表布（正面）

前・後側
正面相對後
進行捲針縫

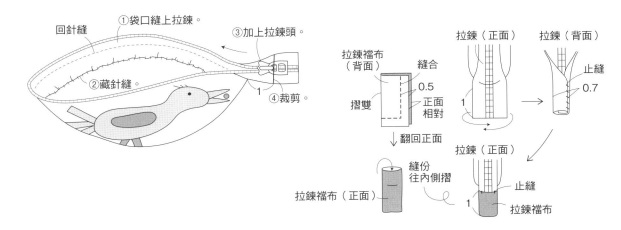

回針縫
①袋口縫上拉鍊。
③加上拉鍊頭。

②藏針縫。

1
④裁剪。

拉鍊襠布
（背面）
縫合

摺雙
0.5
正面
相對

↓翻回正面

拉鍊襠布（正面）

縫份
往內側摺

拉鍊（正面）
拉鍊（背面）

止縫
0.7

1

拉鍊（正面）

止縫

1
拉鍊襠布

[**完成圖**]　A

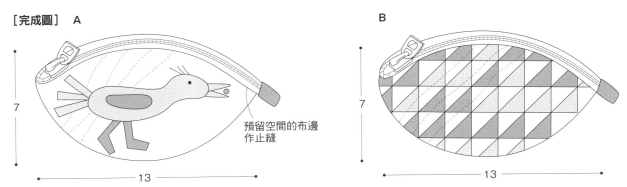

7

13

預留空間的布邊
作止縫

B

7

13

木製提把圓形包 ›› p. 012　原寸紙型　A面

[材料]

拼布・貼布縫用布…灰色葉子印花布
110×30cm・使用零碼布（含細褶・
提把布）、底・口布・包邊布…灰色
條紋布70×30cm、裡布80×60cm、
補強布25×20cm、鋪棉80×70cm、
內徑14.5cm木製提把1組、厚布襯
30×25cm、雙面膠紙25×15cm

[作法]

1 完成拼接及貼布縫後，製作前側A・B・
　A'製作表布。

2 步驟1與後側各自重疊鋪棉・裡布後壓
　線。

3 在各部位重疊上細褶，包邊作連接。製作
　前側與後側。

4 對齊前側與後側，縫合脇邊，處理縫
　份。

5 步驟1與底部縫合，底裡布進行藏針縫。

6 本體裝上口布。

7 裝上提把，處理縫份。

[配置圖]

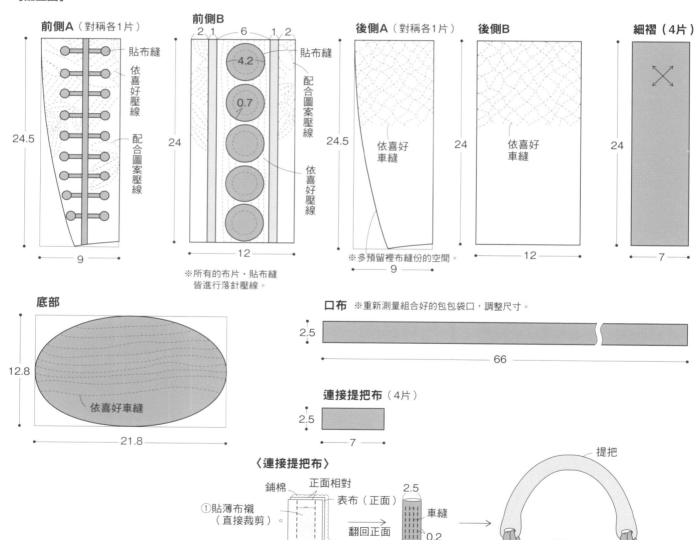

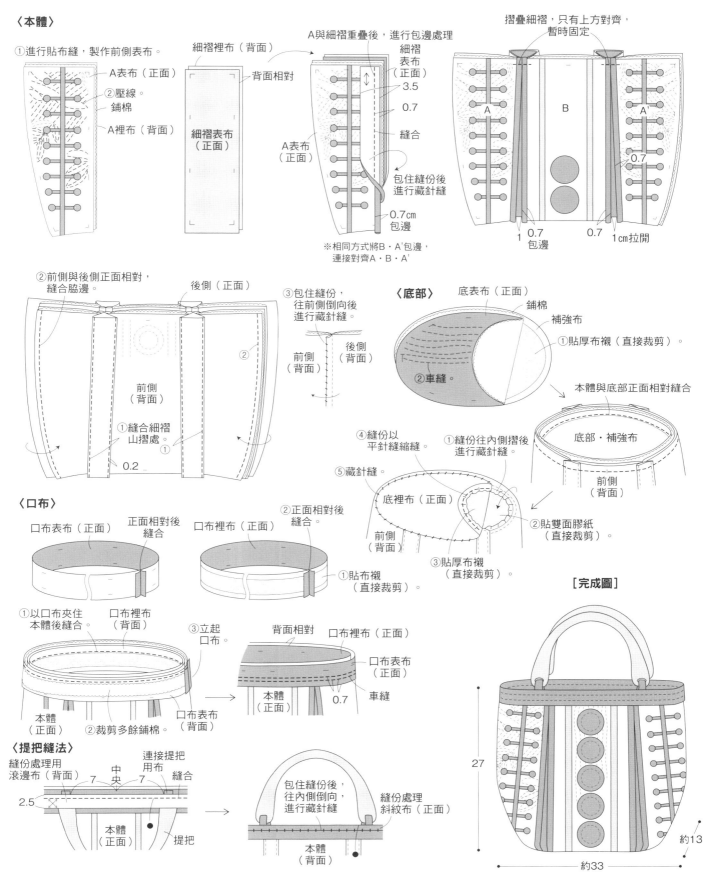

〈本體〉

①進行貼布縫，製作前側表布。

A表布（正面）

②壓線。

鋪棉

A裡布（背面）

細褶裡布（背面）

背面相對

細褶表布（正面）

A與細褶重疊後，進行包邊處理

細褶表布（正面）

3.5

0.7

縫合

A表布（正面）

包住縫份後進行藏針縫

0.7㎝包邊

※相同方式將B‧A'包邊，連接對齊A‧B‧A'

摺疊細褶，只有上方對齊，暫時固定

A

B

A'

0.7

1　0.7
包邊

0.7　1㎝拉開

②前側與後側正面相對，縫合脇邊。

後側（正面）

②

前側（背面）

①縫合細褶山摺處。

①

0.2

③包住縫份，往前側倒向後進行藏針縫。

後側（背面）

前側（背面）

〈底部〉

底表布（正面）

鋪棉

補強布

①貼厚布襯（直接裁剪）。

②車縫。

本體與底部正面相對縫合

底部‧補強布

前側（背面）

④縫份以平針縫縮縫。

⑤藏針縫。

底裡布（正面）

前側（背面）

①縫份往內側摺後進行藏針縫。

②貼雙面膠紙（直接裁剪）。

③貼厚布襯（直接裁剪）。

〈口布〉

口布表布（正面）

正面相對後縫合

口布裡布（正面）

②正面相對後縫合。

①貼布襯（直接裁剪）。

①以口布夾住本體後縫合。

口布裡布（背面）

③立起口布。

背面相對

口布裡布（正面）

口布表布（正面）

0.7　車縫

本體（正面）

②裁剪多餘鋪棉。

口布表布（背面）

本體（正面）

〈提把縫法〉

縫份處理用滾邊布（背面）

中央

7　　7

連接提把用布

縫合

2.5

本體（正面）

提把

包住縫份後，往內側倒向，進行藏針縫

縫份處理斜紋布（正面）

本體（背面）

[完成圖]

27

約13

約33

065

06

石頭造型肩背包　›› p. 016　原寸紙型　A面

[材料]
本體…灰色格紋布（含連接肩背帶布）
110×50cm。貼布縫用布…使用零碼布
（含釦絆）、肩背帶用布（斜紋布）…
灰色格紋布3×160cm、裡布・鋪棉各
70×40cm、34cm長拉鍊1條、寬3cm灰
色織帶160cm、寬4cm日字環・橢圓環各1
個、蠟繩（細）10cm、直徑3cm的圓型環
1個、縫份處理用斜紋布寬2.5×200cm、
貼布襯50×25cm

[作法]
1 製作肩背帶。在底部上進行貼布縫，製
　作前側表布。
2 步驟1與後側表布、側身重疊鋪棉・裡布
　後壓線。
3 縫合前側皺褶。
4 側身與拉鍊夾入釦絆後縫合。

5 縫合前、後側與側身，以斜紋布處理縫
　份。
6 後側加上肩背帶。

[配置圖]

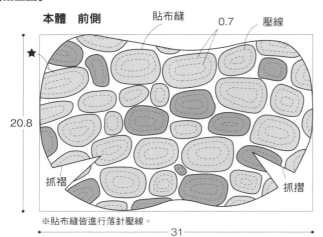

本體　前側　貼布縫　0.7　壓線
★
20.8
抓褶　抓摺
※貼布縫皆進行落針壓線。
31

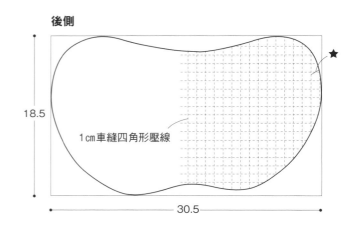

後側
18.5
1cm車縫四角形壓線
★
30.5

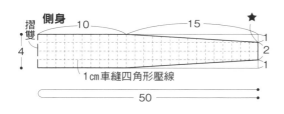

側身
摺雙
10　15　★
4　1　2　1
1cm車縫四角形壓線
50

釦絆（2片）
直接裁剪
5
4

連接肩背帶布（2片）
2
3.5

〈釦絆〉
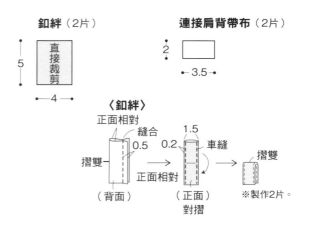
正面相對
縫合
0.5　0.2　1.5　車縫
摺雙
（背面）　正面相對　（正面）　摺雙
對摺
※製作2片。

〈肩背帶〉
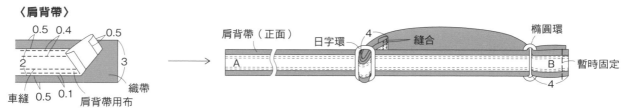
0.5　0.4　0.5
2　3
車縫　0.5　0.1　織帶
肩背帶用布

肩背帶（正面）　日字環　4　縫合　橢圓環
A　B　暫時固定
4

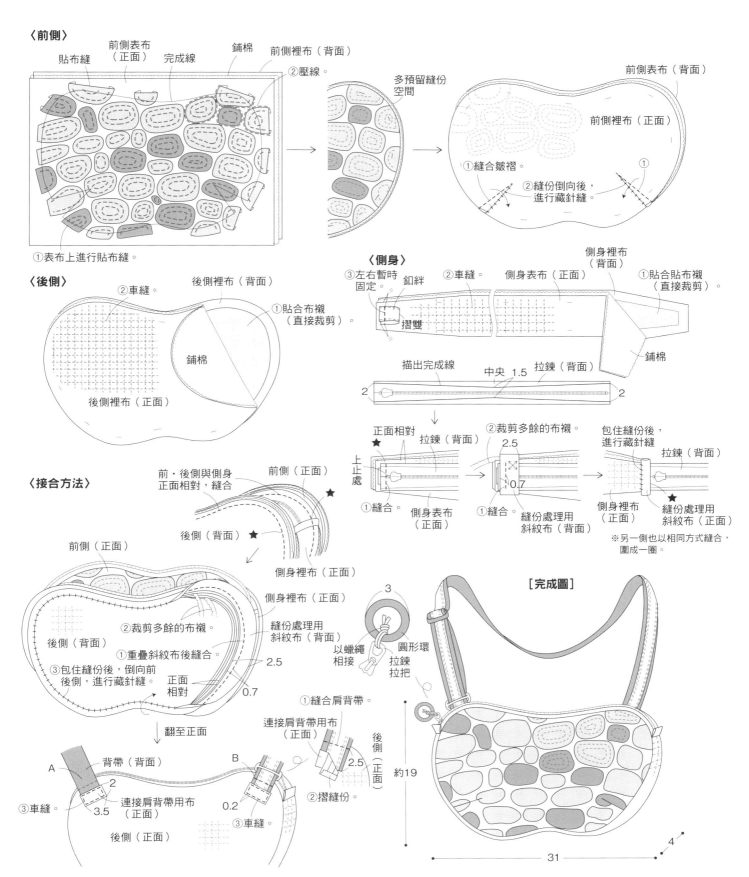

〈前側〉

貼布縫　前側表布（正面）　完成線　鋪棉　前側裡布（背面）

②壓線。

①表布上進行貼布縫。

多預留縫份空間

前側表布（背面）

前側裡布（正面）

①縫合皺褶。

②縫份倒向後，進行藏針縫。

①

〈後側〉

②車縫。

後側裡布（背面）

①貼合布襯（直接裁剪）。

鋪棉

後側裡布（正面）

〈側身〉

③左右暫時固定。

釦絆

②車縫。

側身表布（正面）

側身裡布（背面）

①貼合貼布襯（直接裁剪）。

摺雙

鋪棉

描出完成線

中央　1.5

拉鍊（背面）

2　　　　2

正面相對

★

拉鍊（背面）

②裁剪多餘的布襯。

2.5

包住縫份後，進行藏針縫

拉鍊（背面）

上止處

①縫合　側身表布（正面）

0.7

①縫合　縫份處理用斜紋布（背面）

側身裡布（正面）

縫份處理用斜紋布（正面）

★

※另一側也以相同方式縫合，圍成一圈。

〈接合方法〉

前・後側與側身正面相對，縫合

前側（正面）

★

後側（背面）　★

側身裡布（正面）

前側（正面）

後側（背面）

②裁剪多餘的布襯。

①重疊斜紋布後縫合

③包住縫份後，倒向前後側，進行藏針縫。

縫份處理用斜紋布（背面）

2.5

0.7

正面相對

翻至正面

背帶（背面）

A

2

③車縫。

3.5

連接肩背帶用布（正面）

0.2

③車縫。

後側（正面）

B

①縫合肩背帶。

連接肩背帶用布（正面）

後側（正面）

2.5

②摺縫份。

約19

3

以蠟繩相接

圓形環拉鍊拉把

[完成圖]

31

4

心形&鳥兒造型圓形提籃　›› p. 018　原寸紙型　A面

[材料]
底布・拼布・貼布縫用布…使用零碼布、
底部…深藍色格紋布25×20cm、提把
表布…棕色系印花布25×10cm、內側
60×35cm、補強布・鋪棉各70×40cm、
寬1.5cm波浪狀織帶60cm、塑膠襯墊
18×12cm、厚布襯70×50cm、25號繡線
各色適量

[作法]
1 完成拼接、貼布縫、刺繡，製作本體表
　布。
2 步驟1與底表布各自與鋪棉・補強布重疊
　壓線。
3 本體縫一圈，燙貼布襯。
4 縫合本體與底部。

5 內側與本體相同方式縫合。
6 製作提把。
7 本體放入塑膠襯墊・內側。夾入提把與
　波浪狀織帶，進行捲針縫。

[配置圖]

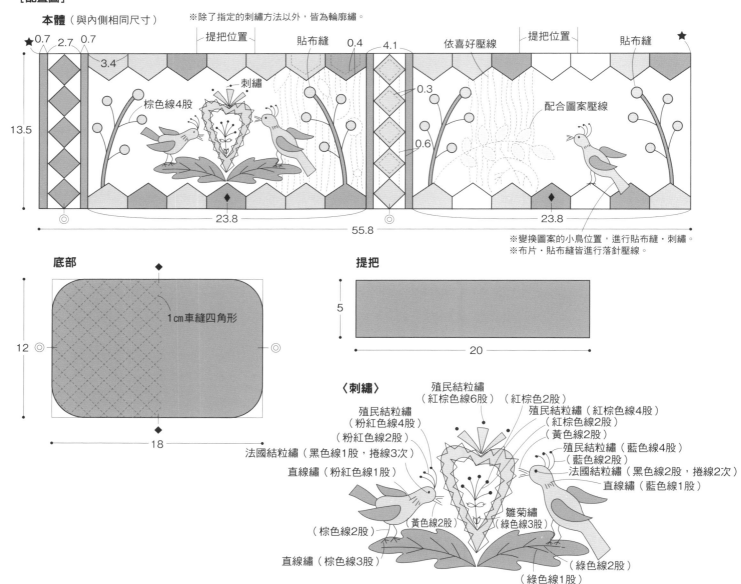

本體（與內側相同尺寸）

※除了指定的刺繡方法以外，皆為輪廓繡。

0.7　2.7　0.7
3.4
提把位置　貼布縫　0.4　4.1　依喜好壓線　提把位置　貼布縫
13.5
棕色線4股　刺繡
0.3
配合圖案壓線
0.6
23.8　23.8
55.8

※變換圖案的小鳥位置，進行貼布縫・刺繡。
※布片・貼布縫皆進行落針壓線。

底部
1cm車縫四角形
12
18

提把
5
20

〈刺繡〉

殖民結粒繡
（紅棕色線6股）　（紅棕色2股）
殖民結粒繡
（粉紅色線4股）
（粉紅色線2股）
殖民結粒繡（紅棕色線4股）
（紅棕色線2股）
（黃色線2股）
殖民結粒繡（藍色線4股）
（藍色線2股）
法國結粒繡（黑色線1股，捲線3次）
法國結粒繡（黑色線2股，捲線2次）
直線繡（粉紅色線1股）
直線繡（藍色線1股）
雛菊繡
（綠色線3股）
（棕色線2股）　黃色線2股
直線繡（棕色線3股）
（綠色線2股）
（綠色線1股）

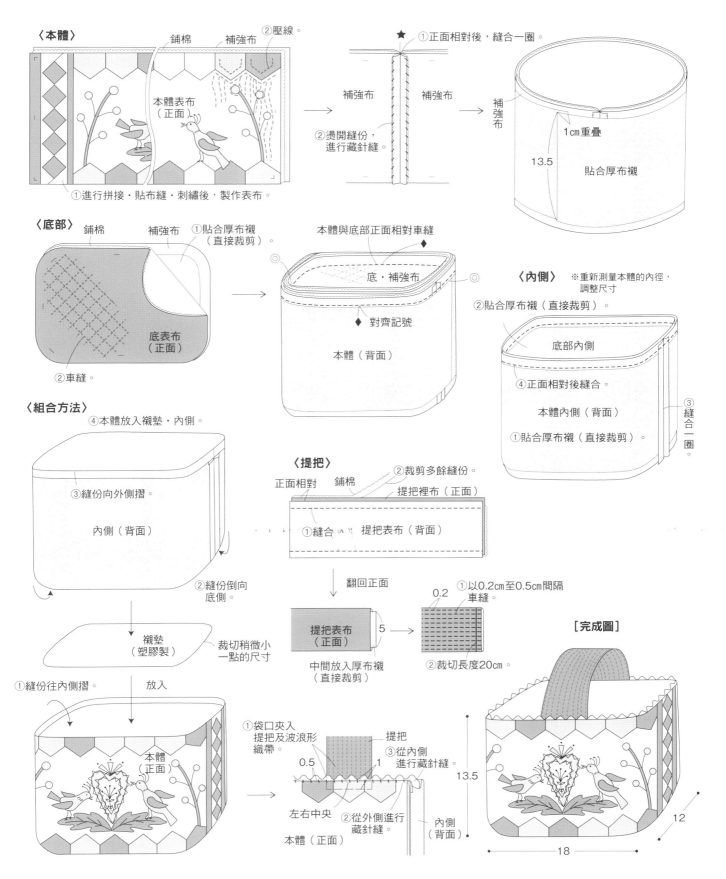

〈本體〉
鋪棉　補強布　②壓線。
本體表布（正面）
①進行拼接・貼布縫・刺繡後，製作表布。

★
①正面相對後，縫合一圈。
補強布　補強布
②燙開縫份，進行藏針縫。

補強布
1cm重疊
13.5
貼合厚布襯

〈底部〉
鋪棉　補強布
①貼合厚布襯（直接裁剪）。
底表布（正面）
②車縫。

本體與底部正面相對車縫
底・補強布
本體（背面）
◆ 對齊記號

〈內側〉　※重新測量本體的內徑，調整尺寸
②貼合厚布襯（直接裁剪）。
底部內側
④正面相對後縫合。
本體內側（背面）
①貼合厚布襯（直接裁剪）。
③縫合一圈。

〈組合方法〉
④本體放入襯墊・內側。
③縫份向外側摺。
內側（背面）
②縫份倒向底側。

〈提把〉
正面相對　鋪棉
②裁剪多餘縫份。
提把裡布（正面）
①縫合　提把表布（背面）

翻回正面
提把表布（正面）
5
中間放入厚布襯（直接裁剪）

0.2
①以0.2cm至0.5cm間隔車縫。
②裁切長度20cm。

襯墊（塑膠製）
裁切稍微小一點的尺寸

①縫份往內側摺。　放入

①縫份往內側摺。
本體（正面）

①袋口夾入提把及波浪形織帶
提把
0.5　1
③從內側進行藏針縫。
左右中央
②從外側進行藏針縫。
本體（正面）
內側（背面）

[完成圖]
13.5
12
18

069

08 立體小鳥造型拉鍊包 ›› p. 020　原寸紙型　A面

[材料]

拼布用布…使用零碼布、提把用布…棕色系
條紋布30×10cm、裡布55×45cm、鋪棉
55×50cm、20cm長拉鍊1條、寬1.5cm織
帶6.5cm、薄布襯25×5cm

[作法]

1 製作拼布，製作本體A・B表布與底表布。

2 步驟1與提把表布各自重疊上鋪棉・補強
布後縫合。底部夾入織帶後壓線。

3 本體與底部縫合。

4 裝上拉鍊。

5 在本體邊端夾入提把後，進行藏針縫。

[配置圖]

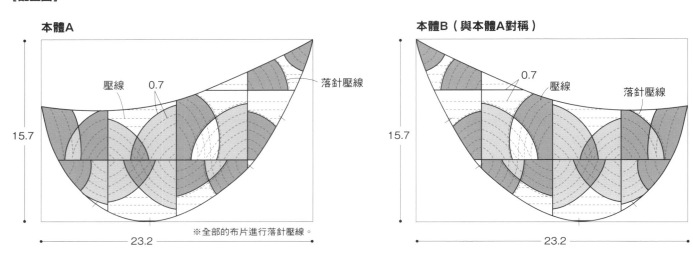

本體A

壓線　0.7　落針壓線

15.7

23.2

※全部的布片進行落針壓線。

本體B（與本體A對稱）

0.7　壓線　落針壓線

15.7

23.2

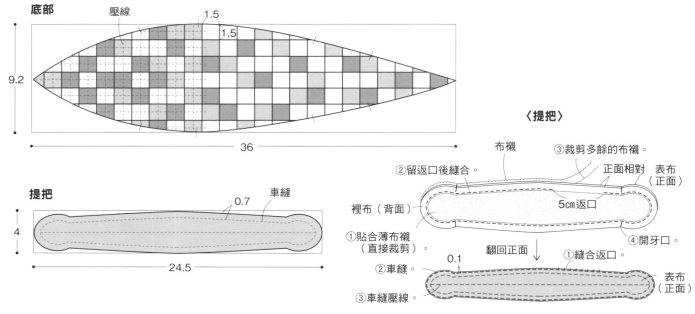

底部

壓線　1.5　1.5

9.2

36

提把

0.7　車縫

4

24.5

〈提把〉

②留返口後縫合。　布襯　③裁剪多餘的布襯。

裡布（背面）　正面相對　表布（正面）

①貼合薄布襯（直接裁剪）。　5cm返口

②車縫。　④開牙口。

③車縫壓線。　翻回正面　①縫合返口。

0.1　表布（正面）

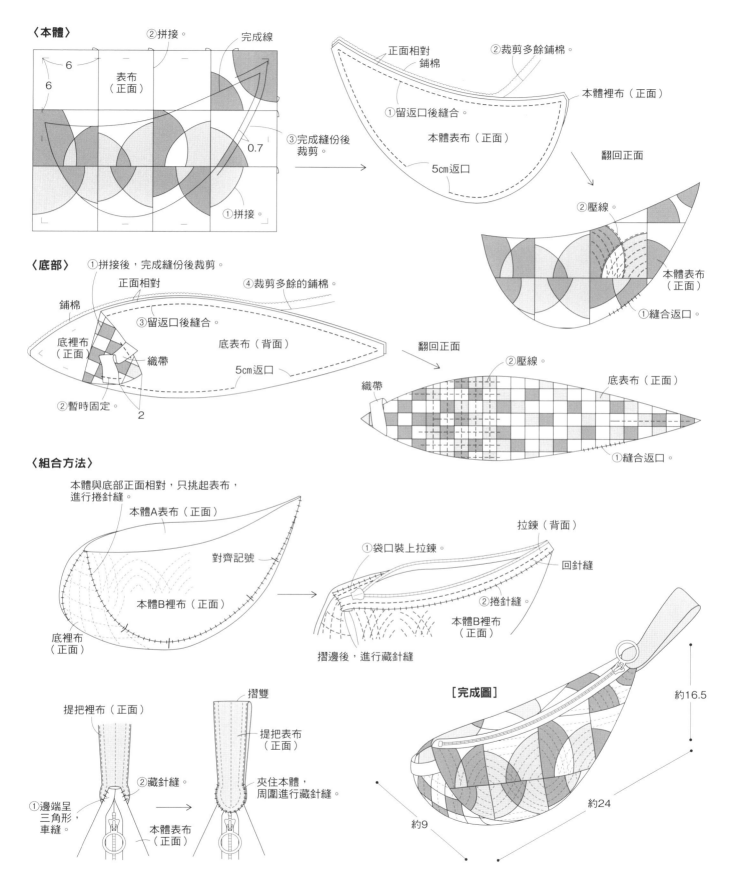

〈本體〉

②拼接。

完成線

6

6

表布
（正面）

0.7

③完成縫份後
裁剪。

①拼接。

正面相對
鋪棉

②裁剪多餘鋪棉。

本體裡布（正面）

①留返口後縫合。

本體表布（正面）

5cm返口

翻回正面

②壓線。

本體表布
（正面）

①縫合返口。

〈底部〉

①拼接後，完成縫份後裁剪。

正面相對

鋪棉

底裡布
（正面）

④裁剪多餘的鋪棉。

③留返口後縫合。

織帶

底表布（背面）

5cm返口

②暫時固定。

2

翻回正面

織帶

②壓線。

底表布（正面）

①縫合返口。

〈組合方法〉

本體與底部正面相對，只挑起表布，
進行捲針縫。

本體A表布（正面）

對齊記號

本體B裡布（正面）

底裡布
（正面）

拉鍊（背面）

①袋口裝上拉鍊。

回針縫

②捲針縫。

本體B裡布
（正面）

摺邊後，進行藏針縫

提把裡布（正面）

摺雙

提把表布
（正面）

①邊端呈
三角形，
車縫。

②藏針縫。

本體表布
（正面）

夾住本體，
周圍進行藏針縫。

[完成圖]

約16.5

約24

約9

花朵圖案木製提把包 ›› p.022 原寸紙型 A面

[材料]
底布…淡米色印花布80×40cm、貼布縫用布…使用零碼布（含提把用布）、側身…米暈染布90×10cm、裡布・鋪棉各90×50cm、縫份處理用斜紋布2.5×60cm、內徑8.3cm木製提把1組、貼布襯10×10cm、厚布襯80×5cm、25號繡線各色適量

[作法]
1 底布上方進行貼布縫、刺繡，製作前側表布。
2 步驟1與後側表布，側身表布各自地重疊上鋪棉・裡布後壓線。
3 縫合本體皺褶。
4 本體與側身縫合，處理縫份。
5 裝上提把，處理縫份。

[配置圖]

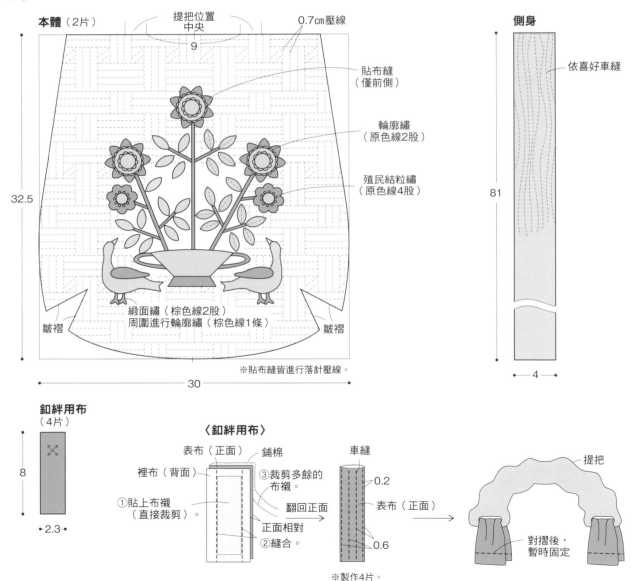

本體（2片）
提把位置中央
9
0.7cm壓線
貼布縫（僅前側）
輪廓繡（原色線2股）
殖民結粒繡（原色線4股）
32.5
緞面繡（棕色線2股）
周圍進行輪廓繡（棕色線1條）
皺褶
皺褶
※貼布縫皆進行落針壓線。
30

側身
依喜好車縫
81
4

釦絆用布（4片）
8
2.3

〈釦絆用布〉
表布（正面）
鋪棉
裡布（背面）
③裁剪多餘的布襯。
①貼上布襯（直接裁剪）。
正面相對
②縫合。
翻回正面
車縫
0.2
表布（正面）
0.6
※製作4片。

提把
對摺後，暫時固定

〈本體〉

本體
表布
（正面）

完成線

※多預留縫份空間。

鋪棉

本體裡布（背面）

②壓線。

③加上縫份後
裁剪。

①進行貼布縫及刺繡
（僅前側）。

本體裡布（正面）

①縫合皺褶。

②縫份倒向，
進行藏針縫。

①

〈組合方法〉

①本體與側身正面相對後縫合。

本體表布
（正面）

側身裡布
（正面）

本體裡布（正面）

②縫份倒向本體側。

③包住縫份後，
進行藏針縫。

翻回正面

釦絆用布

①釦絆布與斜紋布
重疊縫合。

②縫份切齊。

調整釦絆的長度

4.5   4.5   中央   0.7

2.5

縫份處理用
斜紋布（背面）

立起
斜紋布

本體表布
（正面）

提把

縫份處理用
斜紋布（正面）

包住縫份後，倒向內側，
從正面會稍微看見斜紋布，
進行藏針縫。

〈側身〉

側身裡布
（背面）

3

※多預留縫份空間。

燙貼厚布襯
（直接裁剪）

3

側身裡布（背面）   鋪棉   車縫

側身表布
（正面）

［完成圖］

約32.5

約30

4

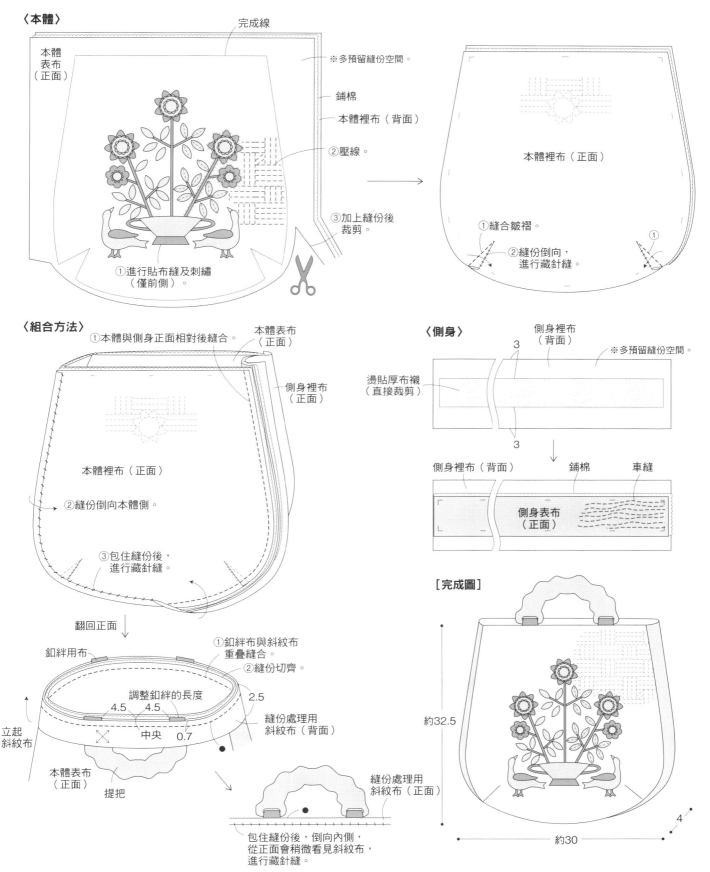

10 迷你馬爾歇包 ›› p.024 原寸紙型 A面

[材料]

拼布・貼布縫用布…使用零碼布、底部…深棕色先染布料35×20cm、提把…斜紋軟呢風（斜紋布）40×10cm、裡布・鋪棉各100×50cm、補強35×20cm、包邊布（斜紋布）…3.5×90cm、壓縮式鋪棉40×15cm、蠟線（粗）80cm、厚布襯60×30cm、雙面膠紙30×15cm

[作法]

1 進行拼接、貼布縫後，製作本體表布2片。

2 步驟1與底表布各自重疊鋪棉・裡布後壓線。

3 對齊本體2片，縫合脇邊，處理縫份。

4 步驟3與底部縫合，底裡布進行藏針縫。

5 製作2條提把。

6 袋口包邊處理。

7 裝上提把。

[配置圖]

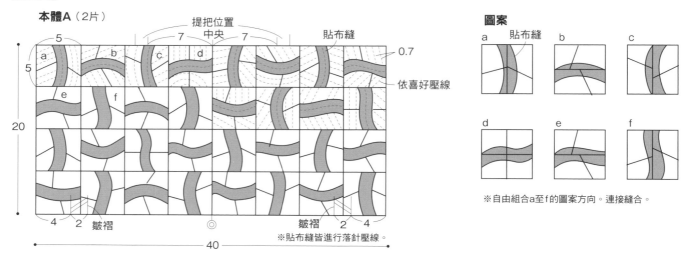

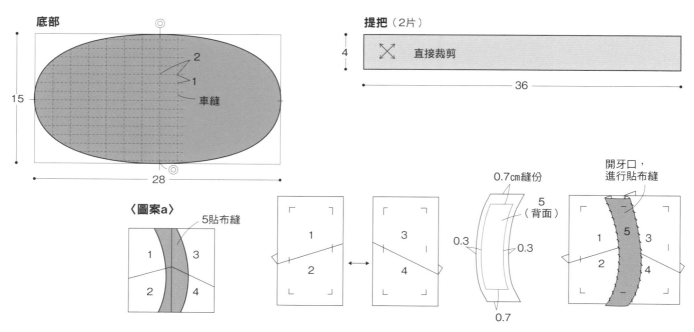

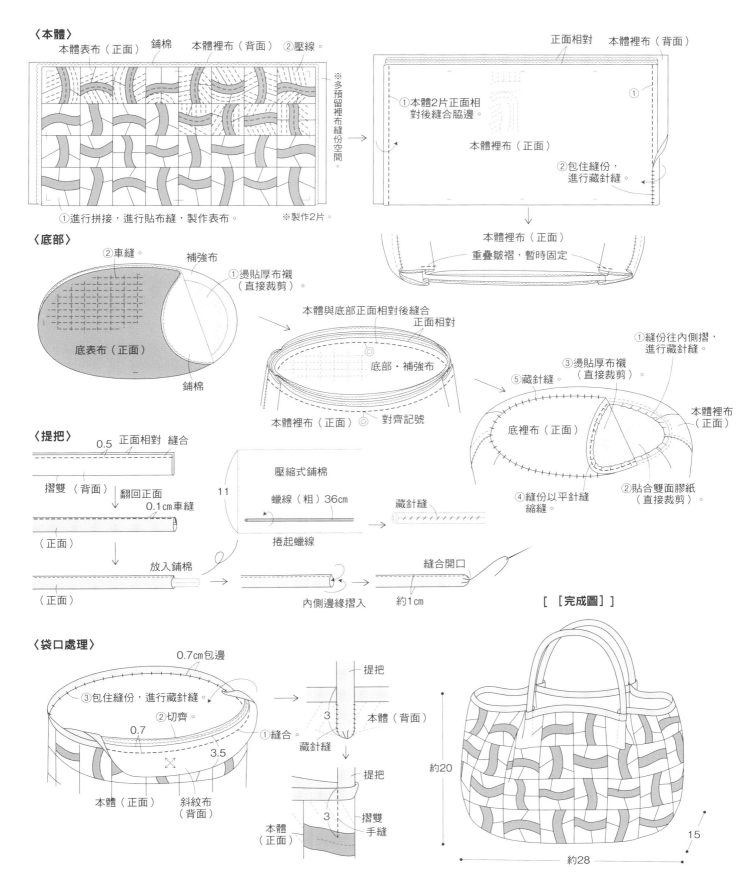

〈本體〉

本體表布（正面）　鋪棉　本體裡布（背面）　②壓線。

①進行拼接，進行貼布縫，製作表布。　※製作2片。

※多預留裡布縫份空間。

正面相對　本體裡布（背面）

①本體2片正面相對後縫合脇邊。

本體裡布（正面）

②包住縫份，進行藏針縫。

本體裡布（正面）

重疊皺褶，暫時固定

〈底部〉

②車縫。　補強布

①燙貼厚布襯（直接裁剪）。

底表布（正面）

鋪棉

本體與底部正面相對後縫合

正面相對

底部・補強布

本體裡布（正面）◎　對齊記號

①縫份往內側摺，進行藏針縫。

③燙貼厚布襯（直接裁剪）。

⑤藏針縫

底裡布（正面）

本體裡布（正面）

④縫份以平針縫縮縫。

②貼合雙面膠紙（直接裁剪）。

〈提把〉

0.5　正面相對　縫合

摺雙（背面）　翻回正面

0.1cm車縫

（正面）

（正面）　放入鋪棉

壓縮式鋪棉

蠟線（粗）36cm

捲起蠟線

藏針縫

內側邊緣摺入

11

縫合開口

約1cm

[［完成圖］]

〈袋口處理〉

0.7cm包邊

③包住縫份，進行藏針縫。

②切齊。

0.7

3.5

本體（正面）　斜紋布（背面）

①縫合。

提把

3　本體（背面）

藏針縫

提把

3　摺雙　手縫

本體（正面）

約20

約28

15

四角圖案拼接化妝包　›› p.026　原寸紙型　A面

[材料]
拼布用布…使用零碼布（含釦絆・拉鍊裝飾・斜紋布）、包邊布（斜紋布）…灰色系圓點圖案3.5×30cm、裡布・鋪棉各100×25cm、30cm對開式拉鍊1條、直徑1.3cm鈕釦4個、厚布襯20×15cm、縫份處理用斜紋布2.5×110cm

[作法]
1 拼接布片，製作本體A・B表布與袋蓋表布。
2 步驟1、底表布、背面表布各自疊合鋪棉・裡布，壓線。
3 本體A的下半部包邊，A與B之間裝上拉鍊。

4 步驟3與袋蓋及底部縫合，處理縫份。
5 步驟4與背面夾入釦絆縫合，處理縫份。

[配置圖]

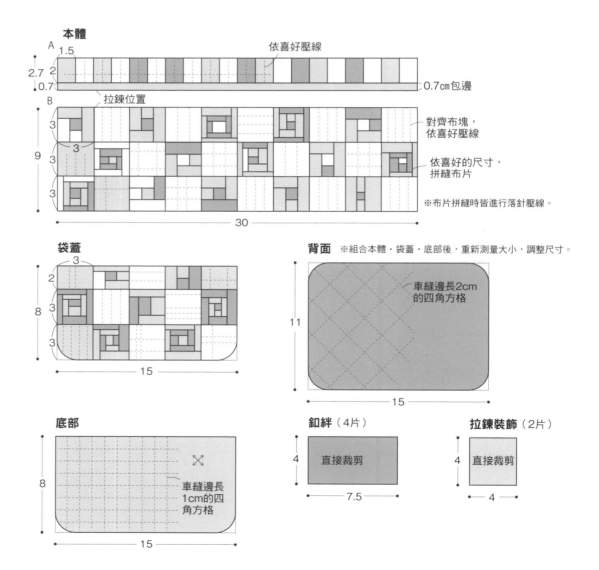

本體
A　1.5
2.7　2
0.7
依喜好壓線
0.7cm包邊

B
拉鍊位置
3
3
9
3
3
30
對齊布塊，依喜好壓線
依喜好的尺寸，拼縫布片
※布片拼縫時皆進行落針壓線。

袋蓋
3
2
8
3
3
15

背面　※組合本體・袋蓋・底部後，重新測量大小，調整尺寸。
車縫邊長2cm的四角方格
11
15

底部
車縫邊長1cm的四角方格
8
15

釦絆（4片）
直接裁剪
4
7.5

拉鍊裝飾（2片）
直接裁剪
4
4

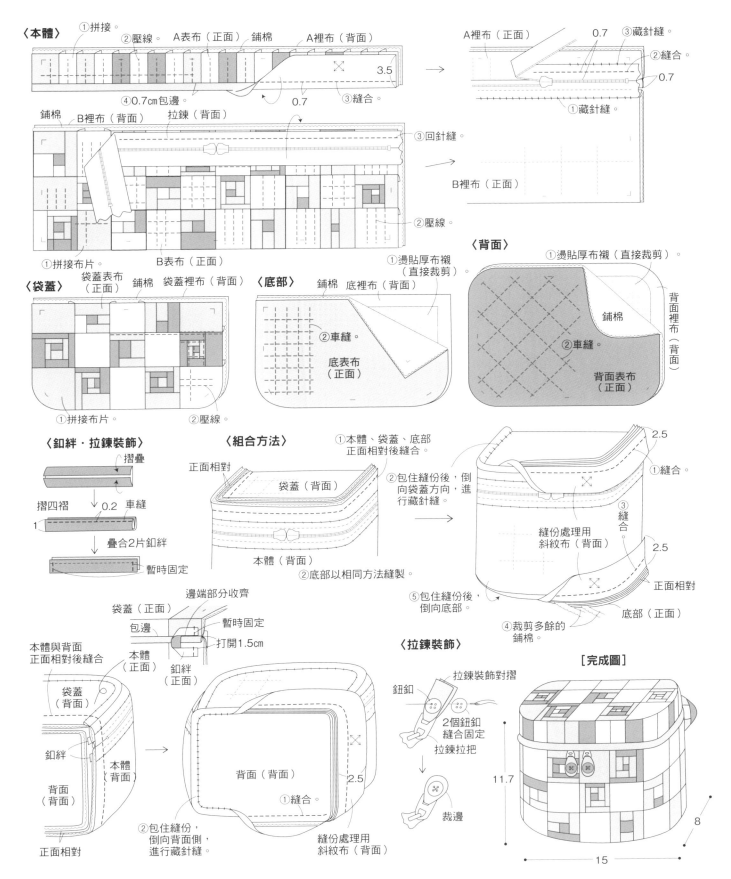

〈本體〉
①拼接。
②壓線
A表布（正面）　鋪棉　　A裡布（背面）
A裡布（正面）　　　0.7　　③藏針縫。
3.5
④0.7cm包邊。　　0.7　③縫合。
②縫合。
0.7
①藏針縫。

鋪棉　B裡布（背面）　拉鍊（背面）
③回針縫。
B裡布（正面）
①拼接布片。　B表布（正面）
②壓線。

〈袋蓋〉
袋蓋表布（正面）　鋪棉　袋蓋裡布（背面）
①拼接布片。
②壓線。

〈底部〉
鋪棉　底裡布（背面）
①燙貼厚布襯（直接裁剪）。
②車縫。
底表布（正面）

〈背面〉
①燙貼厚布襯（直接裁剪）。
鋪棉
②車縫。
背面裡布（背面）
背面表布（正面）

〈釦絆・拉鍊裝飾〉
摺疊
摺四褶　　0.2　車縫
1
疊合2片釦絆
暫時固定

〈組合方法〉
①本體、袋蓋、底部
正面相對後縫合。
正面相對
袋蓋（背面）
本體（背面）
②底部以相同方法縫製。
②包住縫份後，倒
向袋蓋方向，進
行藏針縫。
2.5
①縫合。
③縫合
縫份處理用
斜紋布（背面）
2.5
正面相對
⑤包住縫份後，
倒向底部。
④裁剪多餘的
鋪棉。
底部（正面）

邊端部分收齊
袋蓋（正面）
暫時固定
包邊
打開1.5cm
本體與背面
正面相對後縫合
本體（正面）
袋蓋（背面）
釦絆　　本體
釦絆　　　（正面）
本體（背面）
背面（背面）
背面（背面）
2.5
①縫合。
正面相對
②包住縫份，
倒向背面側，
進行藏針縫。
縫份處理用
斜紋布（背面）

〈拉鍊裝飾〉
拉鍊裝飾對摺
鈕釦
2個鈕釦
縫合固定
拉鍊拉把
裁邊

[完成圖]
11.7
15
8

花籃造型迷你壁飾　›› p.028　原寸紙型　B面

[材料]
底布…米色印花布50×50cm、
貼布縫用布…使用零碼布、裡布・鋪棉
各50×50cm、縫份處理用斜紋布
2.5×170cm、25號繡線各色適量

[作法]
1 進行貼布縫、刺繡，製作表布。
2 步驟1疊合鋪棉・裡布，壓線。
3 步驟2的周圍縫合縫份處理用斜紋布，包
　住縫份後，往背面倒向，進行藏針縫。

[配置圖]

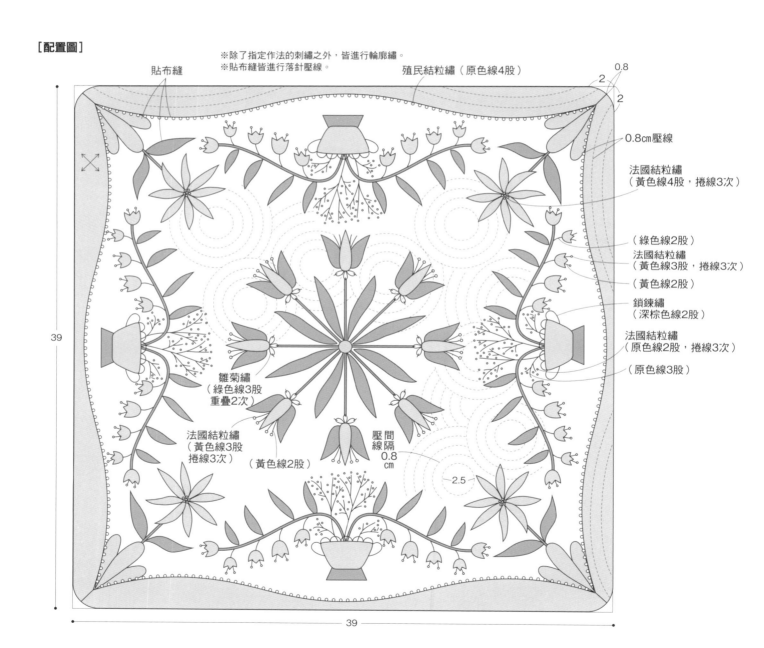

※除了指定作法的刺繡之外，皆進行輪廓繡。
※貼布縫皆進行落針壓線。

貼布縫

殖民結粒繡（原色線4股）

0.8

2

2

0.8cm壓線

法國結粒繡
（黃色線4股，捲線3次）

（綠色線2股）
法國結粒繡
（黃色線3股，捲線3次）

（黃色線2股）

鎖鍊繡
（深棕色線2股）

法國結粒繡
（原色線2股，捲線3次）

（原色線3股）

雛菊繡
（綠色線3股
重疊2次）

法國結粒繡
（黃色線3股
捲線3次）

（黃色線2股）

壓線間隔
0.8
cm

2.5

39

39

〈邊緣處理〉

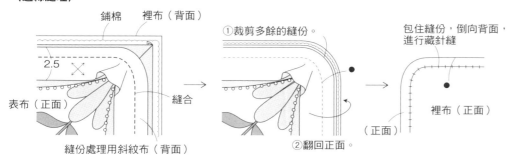

鋪棉　裡布（背面）

①裁剪多餘的縫份。

包住縫份，倒向背面，
進行藏針縫

2.5

表布（正面）

縫合

裡布（正面）

縫份處理用斜紋布（背面）

②翻回正面。

（正面）

P83 14 正方形圖案組合壁飾

〈邊緣處理〉

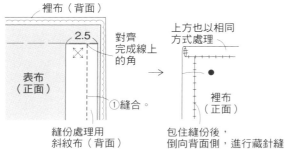

裡布（背面）

2.5

表布
（正面）

對齊
完成線上
的角

①縫合。

縫份處理用
斜紋布（背面）

上方也以相同
方式處理

裡布
（正面）

包住縫份後，
倒向背面側，進行藏針縫

〈素壓・穿入棉繩〉

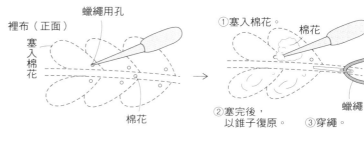

蠟繩用孔

裡布（正面）

塞
入
棉
花

棉花

①塞入棉花。

棉花

②塞完後，
以錐子復原。

③穿繩。

蠟繩

基礎繡法

〈鎖鍊繡〉

3出　2入

1出

重覆2至3

〈輪廓繡〉

1出　3出　2入

3

重覆2至3

〈直線繡〉

1出

2入

〈緞面繡〉

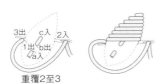

3出　c入　2入

1出　b出

a入

重覆2至3

〈法國結粒繡〉

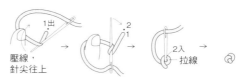

1出

2
1

壓線，
針尖往上

2入

拉線

〈雛菊繡〉

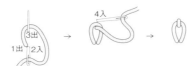

3出

4入

1出　2入

〈殖民結粒繡〉

1出

1

2入

花朵裝飾包 ›› p.030　原寸紙型　B面

[材料]

拼布‧貼布縫用布…灰色系75×30cm‧棕
色格紋布（含底部‧口布）110×30cm‧
使用零碼布（含花朵裝飾）、裡布‧鋪棉各
100×60cm、內徑約10cm的提把1組、
直徑0.5cm布片32個、補強布20×15cm、
厚布襯20×20cm、雙面膠紙20×10cm、
縫份處理用斜紋布2.5×70cm

[作法]

1 製作花朵裝飾。
2 進行拼接，製作本體表布6片。
3 步驟2、口布表布分別重疊鋪棉‧裡布後
　縫合，壓線。
4 縫合本體2片，在正面的縫線上進行貼布
　縫。拼縫6片。
5 底表布重疊鋪棉‧補強布後，壓線。

6 底部與本體縫合，裡布進行捲針縫。
7 袋口縫上口布與提把，處理縫份。
8 縫合固定花朵裝飾。

[配置圖]

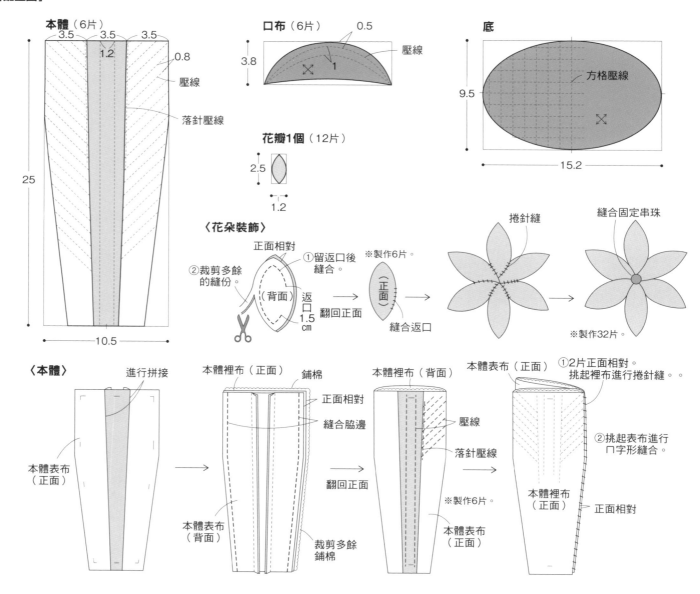

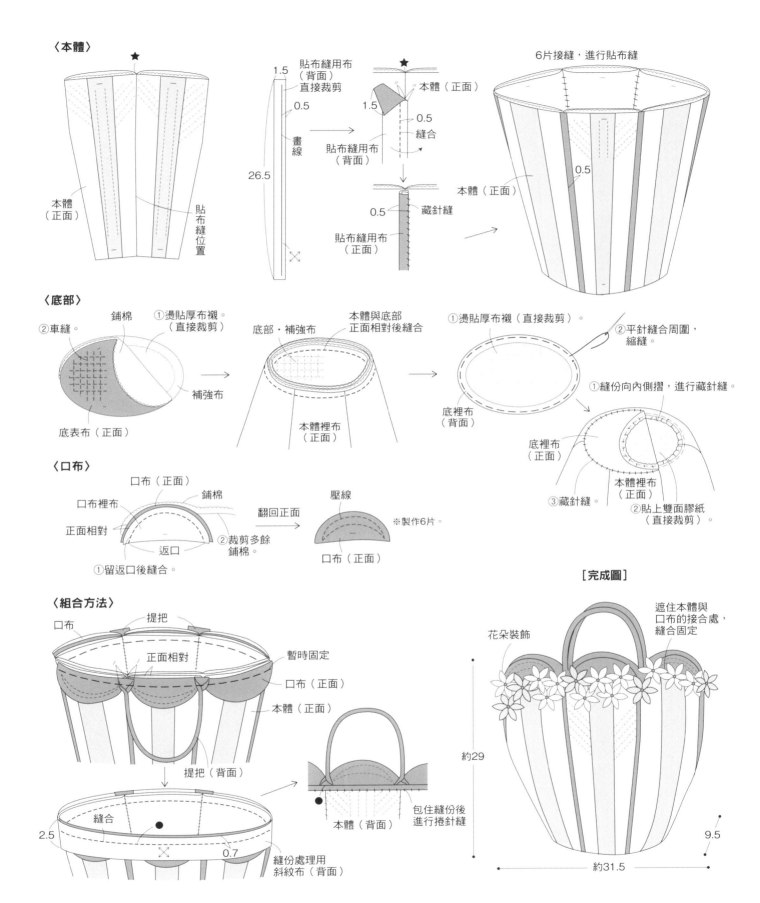

〈本體〉

本體（正面）

貼布縫位置

★

貼布縫用布（背面）直接裁剪

1.5

0.5

畫線

26.5

★

本體（正面）

1.5

0.5

縫合

貼布縫用布（背面）

0.5

藏針縫

貼布縫用布（正面）

6片接縫，進行貼布縫

0.5

本體（正面）

〈底部〉

②車縫。

鋪棉

①燙貼厚布襯。（直接裁剪）

底表布（正面）

補強布

底部・補強布

本體與底部正面相對後縫合

本體裡布（正面）

①燙貼厚布襯（直接裁剪）。

②平針縫合周圍，縮縫。

底裡布（背面）

①縫份向內側摺，進行藏針縫。

底裡布（正面）

③藏針縫。

本體裡布（正面）

②貼上雙面膠紙（直接裁剪）。

〈口布〉

口布（正面）

鋪棉

口布裡布

正面相對

返口

①留返口後縫合。

②裁剪多餘鋪棉。

翻回正面

壓線

口布（正面）

※製作6片。

[完成圖]

〈組合方法〉

口布

提把

正面相對

口布

暫時固定

口布（正面）

本體（正面）

提把（背面）

2.5

縫合

0.7

縫份處理用斜紋布（背面）

包住縫份後進行捲針縫

本體（背面）

花朵裝飾

遮住本體與口布的接合處，縫合固定

約29

9.5

約31.5

05 花與花圈壁飾 ›› p.014 原寸紙型 A面

[材料]
底布…淡灰色葉子印花布110×110cm、
貼布縫用布…使用零碼布、裡布・鋪棉
各110×110cm、包邊布（斜紋布）
3.5×450cm、25號繡線深藍色適量

[作法]
1 貼布縫用布使用零碼布。
2 步驟1疊合鋪棉・裡布後，壓線。
3 步驟2的周圍包邊處理。

〈包邊處理〉

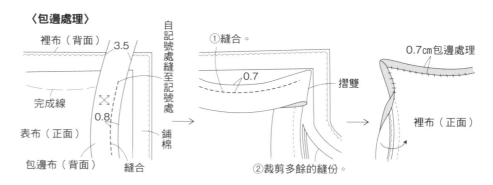

裡布（背面） 3.5
完成線
0.8
表布（正面）
包邊布（背面） 縫合

自記號處縫至記號處

①縫合。
0.7
②裁剪多餘的縫份。 摺雙 鋪棉

0.7cm包邊處理

裡布（正面）

[配置圖]

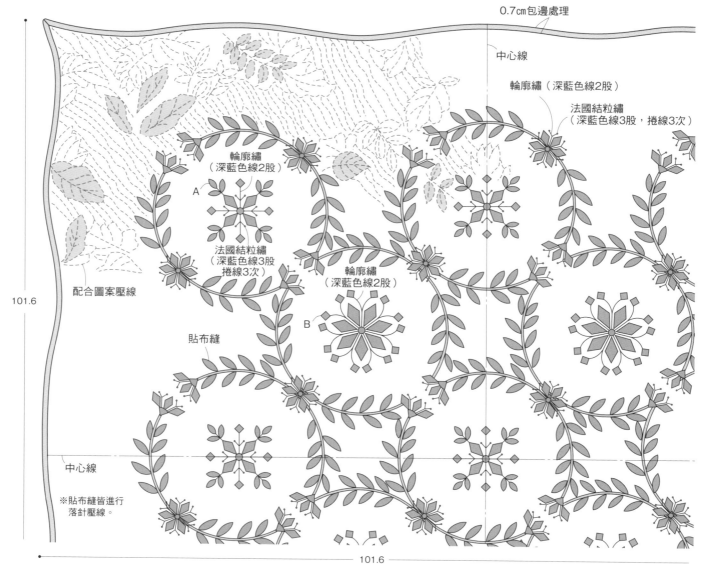

0.7cm包邊處理

中心線

輪廓繡（深藍色線2股）

法國結粒繡
（深藍色線3股，捲線3次）

輪廓繡
（深藍色線2股）

A

法國結粒繡
（深藍色線3股
捲線3次）

輪廓繡
（深藍色線2股）

B

配合圖案壓線

貼布縫

101.6

中心線

※貼布縫皆進行
落針壓線。

101.6

082

正方形圖案組合壁飾　›› p.032　　原寸紙型　B面

[材料]
拼布用布…深灰色印花布300×110cm、
淡灰色格紋布150×110cm、裡布・鋪棉
各110×260cm、縫份處理用斜紋布…
2.5×500cm、素壓用：棉繩500㎝・棉花
適量

[作法]
1 拼接，周圍縫上邊框，製作表布。
2 步驟1疊合鋪棉・裡布後，壓線。
3 周圍進行白玉拼布製作（參考P.79）。
4 步驟3的周圍縫上縫份處理用斜紋布，縫
　份倒向背面，進行藏針縫。
※參考P.79作法

[配置圖]

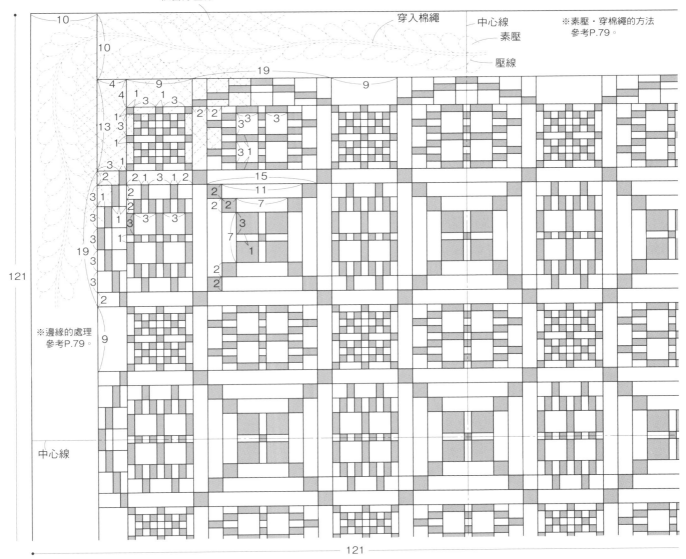

083

打褶造型祖母包 ›› p. 036

[材料]
本體…印花布（含口布裡布、提把裡布）
110×40cm、裡布70×30cm

[作法]
1 2片本體表布從開口停止處縫至另一側的開口停止處。
2 縫合側身。
3 本體裡布與本體表布相同方式縫合。表布與裡布的側身縫份重疊縫合。縫合開口。

4 表布與裡布的袋口一起重疊皺褶後暫時固定。
5 夾入提把，製作口布，縫合步驟4的袋口。

[配置圖]　※所有縫份皆為1cm。

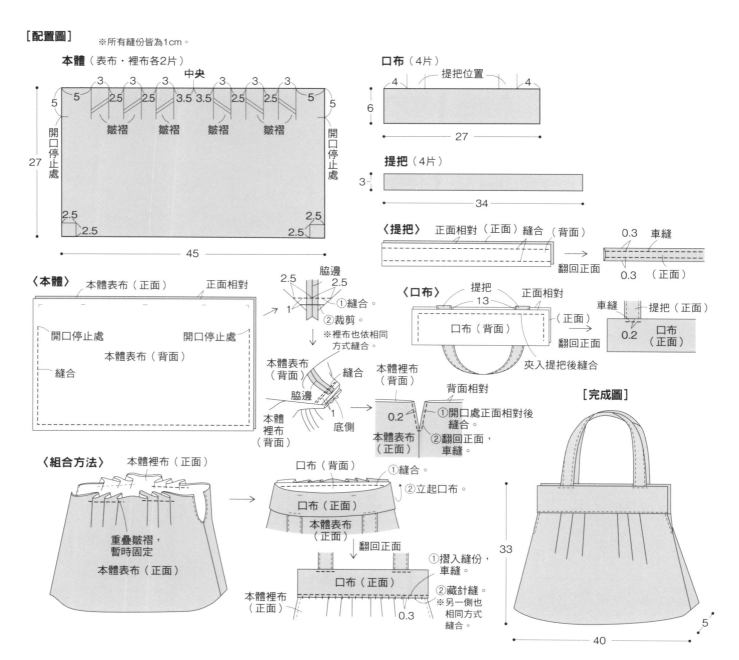

16 簡易造型環保袋 ›› p.037 原寸紙型 B面

[材料]
本體…印花布（含內口袋）110×90cm、
縫份處理用斜紋布2.5×15cm、斜紋布
布…深藍色2.5×170cm

[作法]
1 製作內口袋，縫合本體。
2 2片本體對齊後，縫合脇邊及底部。
3 縫合側身，處理縫份。
4 縫合提把部分。
5 以斜紋布處理袋口。

[配置圖]

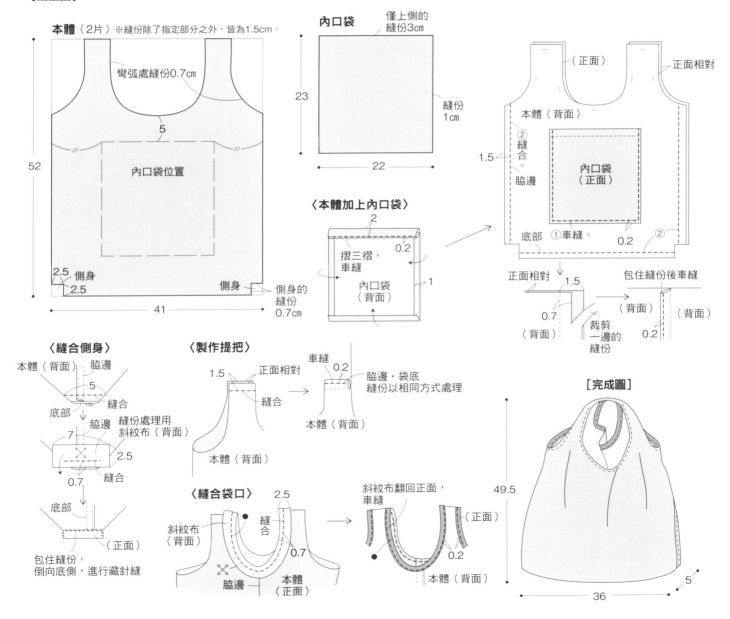

17 橫長形波士頓包 ›› p.038　原寸紙型　B面

[材料]
本體…印花布110×100cm、釦絆…深藍
印花布20×10cm、裡布110×110cm、長
40cm拉鍊1條、薄布襯95×10cm

[作法]
1 提把與口袋各製作2片。
2 本體縫上口袋、提把、底部。
3 製作內口袋，重疊裡布後，縫合隔間。
4 步驟 2 與 3 對齊後，周圍暫時固定，縫合。
5 製作釦絆。側身A加上拉鍊，夾入釦絆後縫合側身B。
6 縫合 4 與 5。處理縫份。

[配置圖]

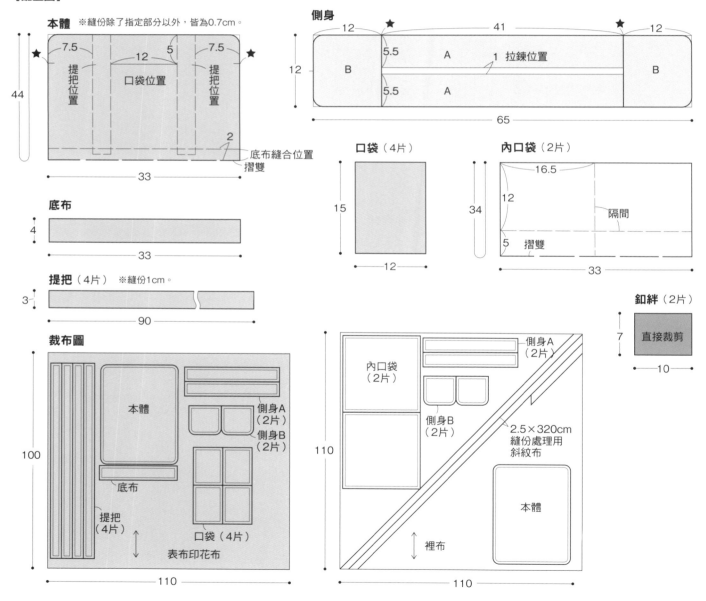

本體　※縫份除了指定部分以外，皆為0.7cm。

側身

口袋（4片）

內口袋（2片）

釦絆（2片）　直接裁剪

底布

提把（4片）　※縫份1cm。

裁布圖

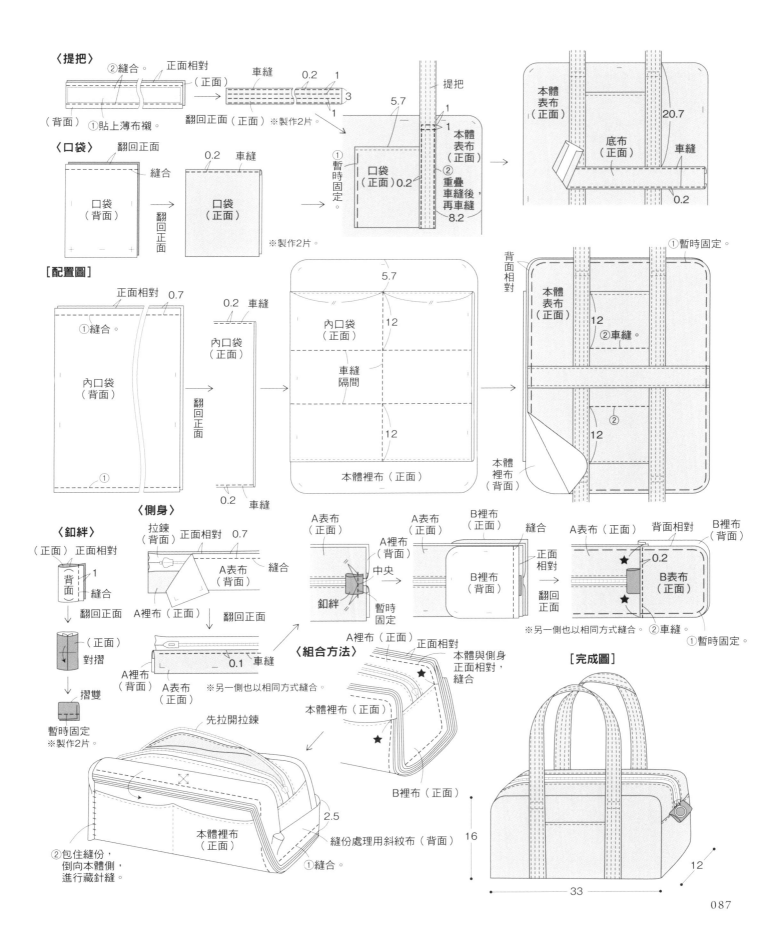

〈提把〉

②縫合。　正面相對　　車縫　0.2　1
（正面）
（背面）　①貼上薄布襯。　翻回正面（正面）※製作2片。　3　1

〈口袋〉　翻回正面

口袋（背面）　縫合　翻回正面
0.2　車縫
口袋（正面）
→　翻回正面
※製作2片。

①暫時固定。
5.7　提把　1
口袋（正面）0.2　本體表布（正面）　1
②重疊車縫後，再車縫　8.2

本體表布（正面）
底布（正面）　車縫　20.7
0.2

[配置圖]

正面相對　0.7
①縫合。
內口袋（背面）
→　翻回正面
①
0.2　車縫

0.2　車縫
內口袋（正面）
→　翻回正面
0.2　車縫

5.7
內口袋（正面）　12
車縫隔間
12
本體裡布（正面）

①暫時固定。
背面相對
本體表布（正面）　12　②車縫。
②
12
本體裡布（背面）

〈側身〉

〈釦絆〉
（正面）正面相對
（背面）　1　縫合
↓　翻回正面
（正面）對摺
↓　摺雙
暫時固定
※製作2片。

拉鍊（背面）　正面相對　0.7
A表布（背面）　縫合
A裡布（正面）　翻回正面
A裡布（背面）　A表布（正面）　0.1　車縫
※另一側也以相同方式縫合。

A表布（正面）
A裡布（背面）
中央
釦絆　暫時固定

A表布（正面）　A裡布（正面）　縫合
B裡布（背面）
正面相對　翻回正面

A表布（正面）　背面相對　B裡布（背面）
正面相對　★　0.2
B表布（正面）　★
※另一側也以相同方式縫合。②車縫。
①暫時固定。

〈組合方法〉

A裡布（正面）　正面相對
本體與側身正面相對，縫合
★
本體裡布（正面）
★
B裡布（正面）

先拉開拉鍊

②包住縫份，倒向本體側，進行藏針縫。
本體裡布（正面）
縫份處理用斜紋布（背面）
①縫合。
2.5

[完成圖]

16
33
12

線軸與花朵造型提把包 ›› p.040 原寸紙型 B面

[材料]
本體…棕色格紋法蘭絨30×25cm・貼布縫用布…使用零碼布（含釦絆・提把）、側身…黑色直條紋法蘭絨40×20cm、裡布・鋪棉各50×40cm、20cm長拉鍊1條、鈕釦2個、縫份處理用斜紋布2.5×140cm、貼布襯35×20cm、25號繡線各色適量

[作法]
1 底布進行貼布縫、刺繡，製作前側表布。
2 步驟1後側表布、側身A・B表布分別重疊鋪棉・裡布，壓線。
3 側身A加上拉鍊。
4 步驟3與側身B夾入釦絆，縫合。
5 縫合前後側與側身，處理縫份。
6 製作提把，縫合固定側身，加上鈕釦。

[配置圖]

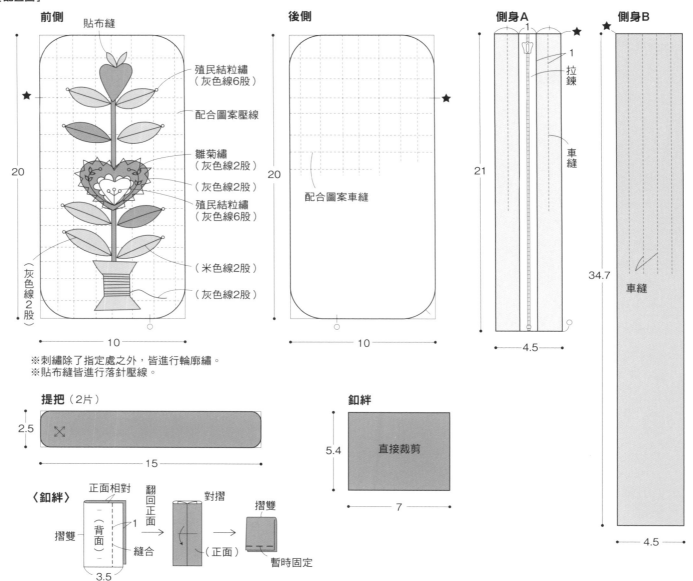

※刺繡除了指定處之外，皆進行輪廓繡。
※貼布縫皆進行落針壓線。

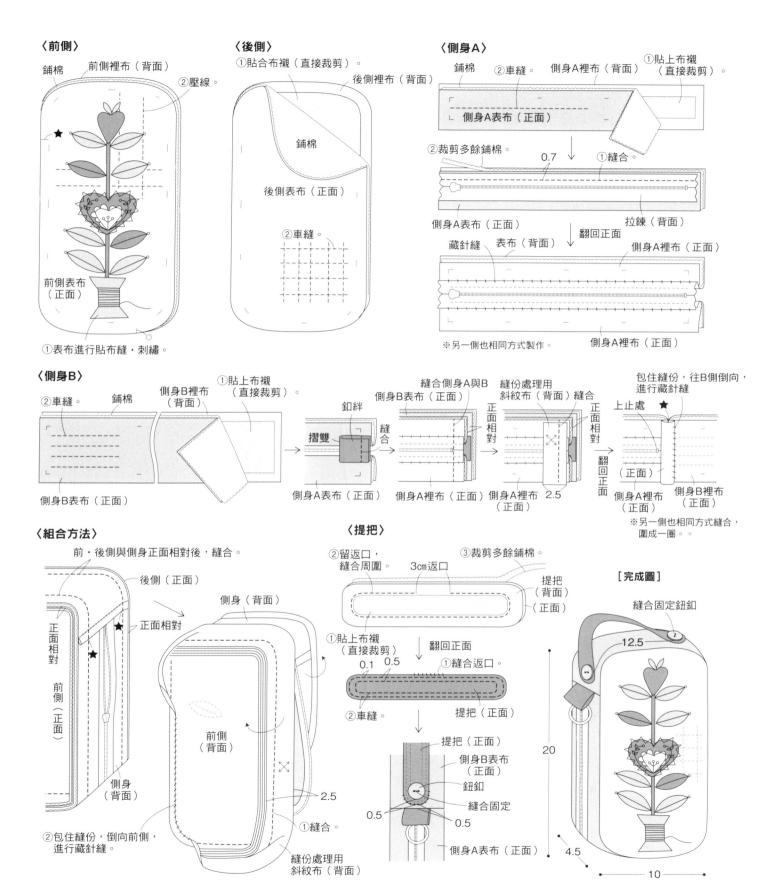

〈前側〉

鋪棉
前側裡布（背面）
②壓線。

★

前側表布
（正面）

①表布進行貼布縫・刺繡。

〈後側〉

①貼合布襯（直接裁剪）。
後側裡布（背面）

鋪棉

後側表布（正面）

②車縫。

〈側身A〉

鋪棉　②車縫。　側身A裡布（背面）　①貼上布襯
（直接裁剪）。

側身A表布（正面）

②裁剪多餘鋪棉。

0.7　①縫合。

側身A表布（正面）　拉鍊（背面）

翻回正面

藏針縫　表布（背面）　側身A裡布（正面）

側身A裡布（正面）

※另一側也相同方式製作。

〈側身B〉

②車縫。　鋪棉　側身B裡布（背面）　①貼上布襯（直接裁剪）。

側身B表布（正面）

縫合側身A與B　縫份處理用斜紋布（背面）縫合　包住縫份，往B側倒向，進行藏針縫

側身B表布（正面）

釦絆

摺雙　縫合

正面相對

側身A表布（正面）

正面相對

側身A裡布（正面）側身A裡布（正面）　2.5

上止處　★

翻回正面

（正面）

側身A裡布（正面）　側身B裡布（正面）

※另一側也相同方式縫合，圍成一圈。

〈組合方法〉

前・後側與側身正面相對後，縫合。

後側（正面）

正面相對

正面相對

前側（正面）

側身（背面）

正面相對

前側（背面）

側身（背面）

②包住縫份，倒向前側，進行藏針縫。

側身（背面）

2.5

①縫合。

縫份處理用斜紋布（背面）

〈提把〉

②留返口，縫合周圍。　3cm返口　③裁剪多餘鋪棉。

提把（背面）
（正面）

①貼上布襯（直接裁剪）

0.1　0.5

②車縫。

翻回正面

①縫合返口。

提把（正面）

提把（正面）

側身B表布（正面）

鈕釦

縫合固定

0.5　0.5

側身A表布（正面）

［完成圖］

縫合固定鈕釦

12.5

20

4.5

10

089

寬側身肩背包 ›› p.042　原寸紙型　B面

›› p.042

[材料]

拼布用布…使用零碼布、後側・側身用
布…灰色系格紋布80×45cm、口布・磁
釦用釦絆・提把用釦絆…黑色系格紋布
50×50cm、縫份處理用斜紋布…縫份處
理用斜紋布寬2.5×70cm、裡布・鋪棉
45×80cm、薄布襯15×10cm、中厚布
襯10×10cm、厚布襯70×10cm、直徑
1.5cm磁釦1組、寬4.5cm黑色皮革提把1個

[作法]

1 進行拼接，製作前側表布。
2 步驟1重疊鋪棉・裡布，壓線。
3 重疊後側表布・鋪棉・裡布，車縫。
4 步驟2、3各自重疊皺褶，與口布縫
　合，處理縫份。

5 縫合側身與口布，重疊鋪棉後車縫。
6 縫合前・後側與側身，裝上磁釦用的釦
　絆及提把。

[配置圖]

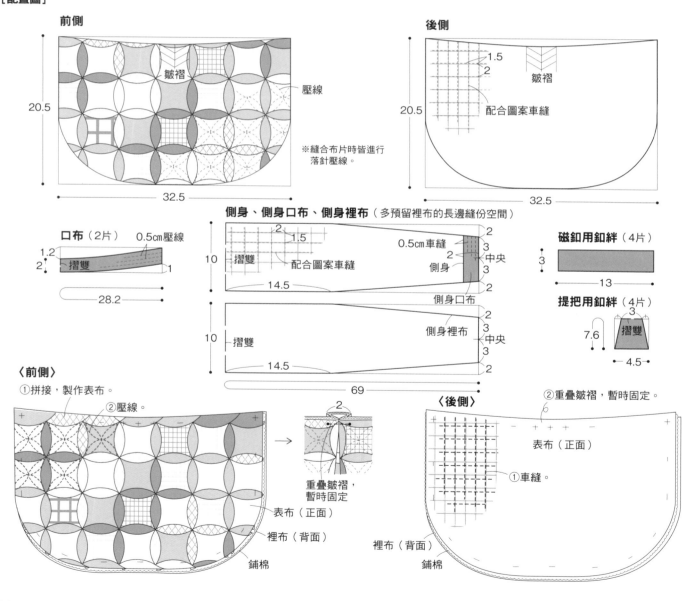

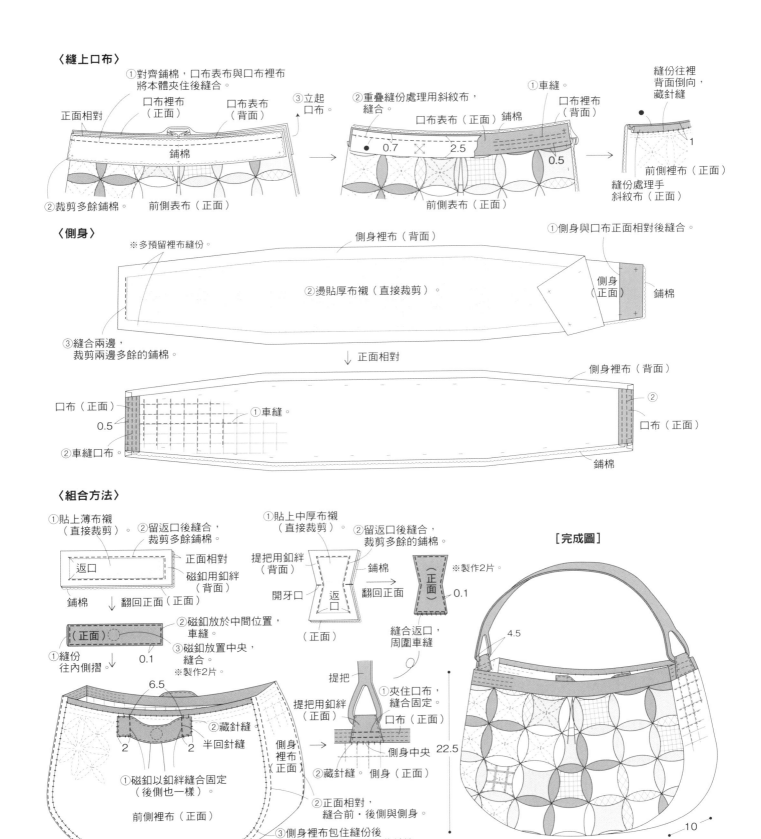

〈縫上口布〉

①對齊鋪棉，口布表布與口布裡布
　將本體夾住後縫合。

正面相對　　口布裡布
　　　　　（正面）　　　口布表布
　　　　　　　　　　　（背面）

鋪棉

③立起
　口布。

②裁剪多餘鋪棉。　前側表布（正面）

②重疊縫份處理用斜紋布，
　縫合。

口布表布（正面）鋪棉

0.7　☒　2.5

前側表布（正面）

①車縫。

口布裡布
（背面）

0.5

縫份往裡
背面倒向，
藏針縫

1

前側裡布（正面）

縫份處理手
斜紋布（正面）

〈側身〉

※多預留裡布縫份。

側身裡布（背面）

②燙貼厚布襯（直接裁剪）。

①側身與口布正面相對後縫合。

側身
（正面）

鋪棉

③縫合兩邊，
　裁剪兩邊多餘的鋪棉。

↓　正面相對

側身裡布（背面）

口布（正面）

0.5

①車縫。

②車縫口布。

②

口布（正面）

鋪棉

〈組合方法〉

①貼上薄布襯
　（直接裁剪）。

②留返口後縫合，
　裁剪多餘鋪棉。

返口

正面相對

磁釦用釦絆
（背面）

鋪棉　↓　翻回正面（正面）

（正面）

①縫份
　往內側摺。

0.1

②磁釦放於中間位置，
　車縫。

③磁釦放置中央，
　縫合。
※製作2片。

6.5

2　　　　2

②藏針縫

半回針縫

①磁釦以釦絆縫合固定
　（後側也一樣）。

前側裡布（正面）

①貼上中厚布襯
　（直接裁剪）。

②留返口後縫合，
　裁剪多餘的鋪棉。

提把用釦絆
（背面）

鋪棉

開牙口

返
口

翻回正面

（正面）

（正面）

0.1

※製作2片。

縫合返口，
周圍車縫

提把

提把用釦絆
（正面）

①夾住口布，
　縫合固定。

口布（正面）

側身中央

②藏針縫。　側身（正面）

②正面相對，
　縫合前・後側與側身。

③側身裡布包住縫份後
　倒向前・後側，進行藏針縫。

側身
裡布
正面

[完成圖]

4.5

22.5

10

32.5

20 袋蓋肩背包　›› p.044　原寸紙型　B面

[材料]

拼布用布…使用零碼布、前後側・側身表布・袋蓋邊線蓋布…黑色系條紋布70×40cm、裡布（含金屬零件用補強布）90×70cm、鋪棉90×40cm、袋蓋捕強布30×25cm、薄布襯90×30cm、厚布襯65×10cm、雙面膠紙25×25cm、蠟繩用布（斜紋布）…黑色系條紋布2.5×65cm、直徑0.3cm蠟繩65cm、縫份處理用斜紋布…2.5×60cm、寬4cm灰色織帶150cm、寬5cm日字環・橢圓環各1個、0.8×2.5cm扭式金屬釦1組

[作法]

1 拼接，製作袋蓋。

2 步驟1重疊鋪棉・補強布，壓線。滾邊布（放入蠟繩）與裡布重疊縫合，翻回正面。放入雙面膠紙。

3 前・後側重疊各自表布・鋪棉・裡布縫合，處理縫份。

4 後側重疊上袋蓋・袋蓋壓線布，縫合，縫上內口袋。

5 重疊側身表布・裡布，夾入肩背帶縫合。

6 縫合本體與側身，處理縫份。

7 縫上金屬釦，肩背帶穿過釦環。

[配置圖]

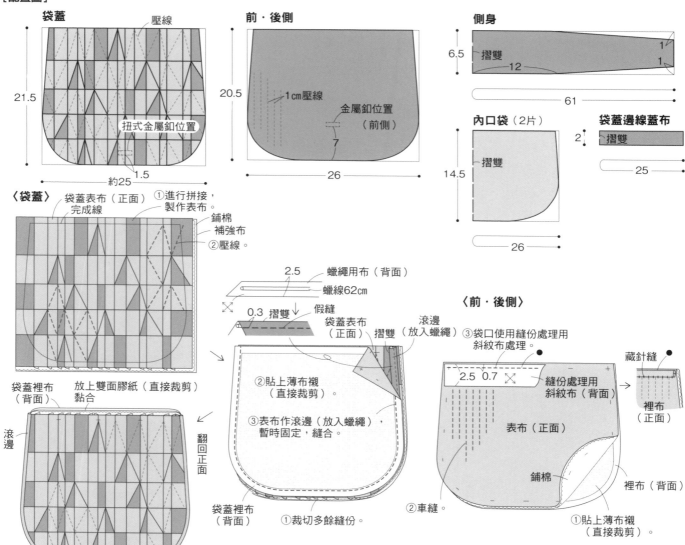

〈後側加上袋蓋・內口袋〉

袋蓋（正面）

②重疊袋蓋・袋蓋邊線
蓋布縫合。

1.5
0.2
2.2
0.5
2
袋蓋邊線蓋布
（正面）
後側表布（正面）
①貼上薄布襯
（直接裁剪）。
鋪棉

縫合
內口袋（背面）
內口袋（正面）　正面相對

車縫
0.2
正面相對
正面

袋蓋裡布（正面）
後側裡布（正面）
內口袋
（正面）
②縫合隔間。
①暫時固定。

〈側身〉

※多預留裡布的縫份空間。
側身裡布（背面）　橢圓環　鋪棉

③夾入長
146cm的
肩背帶。
①燙貼厚布襯（直接裁剪）。
②長6的肩背帶穿過橢圓環對摺，
邊邊暫時固定。
摺雙
4
④縫合兩邊，裁剪多餘的鋪棉。
側身表布（正面）
側身裡布（背面）
翻回正面

0.1
②車縫。
側身表布（正面）
1
①車縫。
①

[完成圖]

〈組合方法〉

橢圓環　日字環
3.5
穿過日字環，摺疊後縫合

肩背帶

袋蓋裡布（正面）
後側裡布（正面）
側身裡布
（正面）
①正面相對後，
縫合本體與側身。
②以側身裡布包覆
縫份，倒向本體
側，進行藏針縫。
內口袋
（正面）

袋蓋的金屬釦位置，
車縫2圈，開洞後組合
袋蓋（正面）
金屬釦 1.5
5
2
燙貼厚布襯
（直接裁剪）
金屬釦用
補強布
（背面）
前側裡布（正面）
補強布
（正面）
摺內側周邊，
以藏針縫縫上補強布

前側表布
（正面）
7
底部中央
前側裝上金屬釦

20.5
25
6.5

21 外口袋波士頓包　›› p. 046　原寸紙型　B面

[材料]

拼布…使用零碼布（含釦絆・包釦用布）、本體・口布・側身表布…棕色格紋布100×70cm、後口袋的裡布與表布・前口袋的裡布…深棕色80×50cm、裡布80×60cm、縫份處理用斜紋布2.5×240cm、鋪棉80×80cm、貼布襯50×10cm、厚布襯65×10cm、口布用包邊布（斜紋布）…棕色系條紋布3.5×110cm、口布用包邊布（斜紋布）…黑色系條紋布3.5×75cm、長46.5cm拉鍊1條、直徑2cm磁釦1組、寬2.5cm黑色皮革提把1組、蠟繩（細）10cm、拉鍊頭裝飾1個

[作法]

1 進行拼接，製作前口袋。重疊鋪棉・裡布後，壓線。

2 後口袋表布重疊鋪棉・裡布後縫合。

3 本體表布重疊鋪棉・裡布後縫合。暫時固定口袋。

4 口布表布重疊鋪棉・裡布後縫合，作包邊處理。加上拉鍊，暫時固定釦絆。

5 側身表布重疊鋪棉・裡布後縫合。

6 縫合口布與側身。

7 縫合前・後側、口布、側身，處理縫份。縫合固定磁釦，加上拉鍊頭裝飾。

[配置圖]

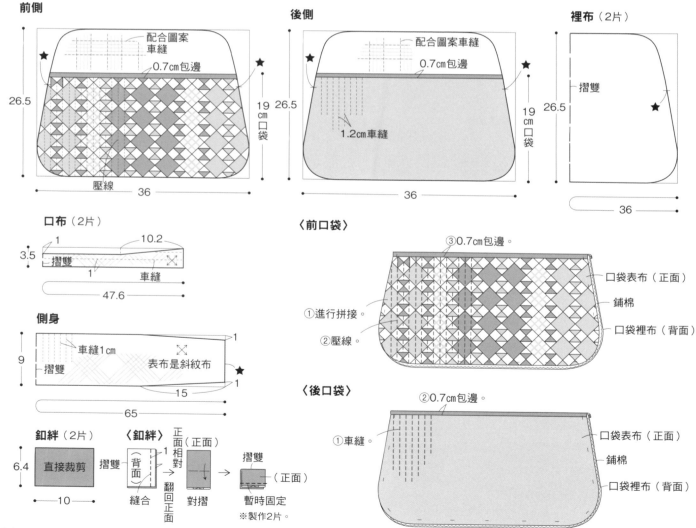

前側　配合圖案車縫　0.7㎝包邊　26.5　19cm口袋　壓線　36

後側　配合圖案車縫　0.7㎝包邊　26.5　1.2cm車縫　19cm口袋　36

裡布（2片）　摺雙　26.5　36

口布（2片）　1　10.2　3.5　摺雙　1　車縫　47.6

側身　1　車縫1㎝　摺雙　表布是斜紋布　1　9　15　65

釦絆（2片）　直接裁剪　6.4　10　〈釦絆〉　摺雙　背面　正面相對　1　縫合　翻回正面　（正面）　對摺　摺雙　（正面）　暫時固定　※製作2片。

〈前口袋〉　③0.7㎝包邊。　①進行拼接。　②壓線。　口袋表布（正面）　鋪棉　口袋裡布（背面）

〈後口袋〉　②0.7㎝包邊。　①車縫。　口袋表布（正面）　鋪棉　口袋裡布（背面）

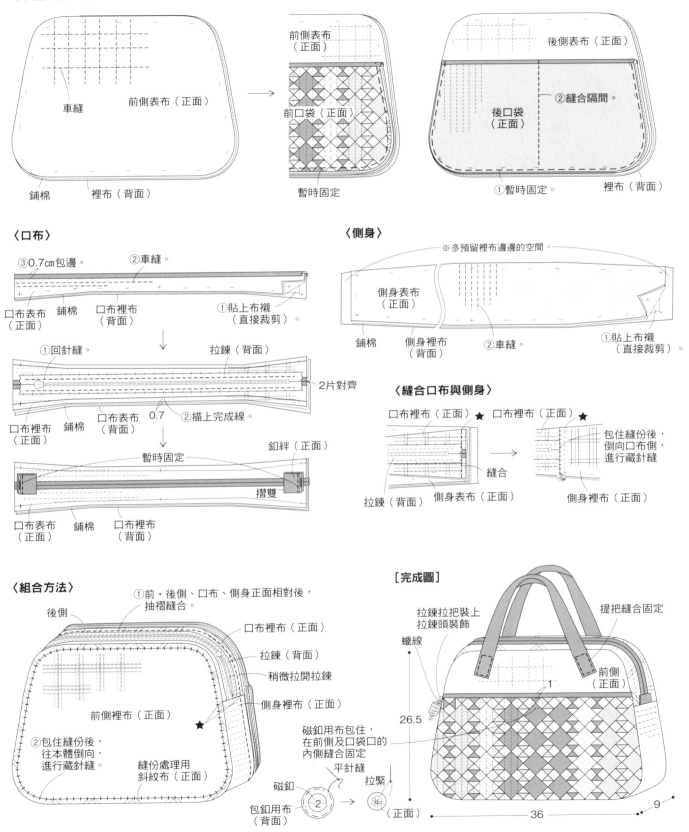

〈本體加上口袋〉

車縫　前側表布（正面）

鋪棉　裡布（背面）

前側表布（正面）

前口袋（正面）

暫時固定

後側表布（正面）

②縫合隔間。

後口袋（正面）

①暫時固定。　裡布（背面）

〈口布〉

③0.7cm包邊。　②車縫。

口布表布（正面）　鋪棉　口布裡布（背面）　①貼上布襯（直接裁剪）。

①回針縫。　拉鍊（背面）

口布裡布（正面）　鋪棉　口布表布（背面）　0.7　②描上完成線。　2片對齊

暫時固定　釦絆（正面）

摺雙

口布表布（正面）　鋪棉　口布裡布（背面）

〈側身〉

※多預留裡布邊邊的空間。

側身表布（正面）

鋪棉　側身裡布（背面）　②車縫。　①貼上布襯（直接裁剪）。

〈縫合口布與側身〉

口布裡布（正面）★　口布裡布（正面）★

包住縫份後，倒向口布側，進行藏針縫

拉鍊（背面）　側身表布（正面）　縫合　側身裡布（正面）

〈組合方法〉

後側

①前・後側、口布、側身正面相對後，抽褶縫合。

口布裡布（正面）

拉鍊（背面）

稍微拉開拉鍊

側身裡布（正面）

前側裡布（正面）

②包住縫份後，往本體倒向，進行藏針縫。

縫份處理用斜紋布（正面）

[完成圖]

拉鍊拉把裝上拉鍊頭裝飾

蠟線

提把縫合固定

1

前側（正面）

26.5

磁釦用布包住，在前側及口袋口的內側縫合固定

平針縫

拉緊

磁釦

包釦用布（背面）

（正面）　36　9

22 圓底筆袋 ›› p. 048　原寸紙型　B面

[材料]
拼布用布・側身…使用零碼布、底部…薄棕色10×10cm、裡布・鋪棉各40×40cm、縫份處理用斜紋布2.5×80cm、釦絆…寬2.5cm直紋圖案織帶6cm、長18cm拉鍊1條、薄布襯5×5cm、中厚布襯10×10cm

[作法]
1 進行拼接,製作本體表布。
2 步驟 **1** 重疊裡布・鋪棉後縫合。翻回正面後壓線。
3 將拉鍊縫於側身後,再與本體縫合,處理邊端。
4 車縫底部。
5 縫合本體與底部,處理縫份。

[配置圖]

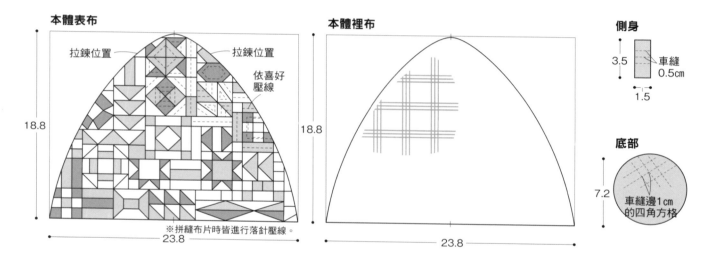

本體表布

拉鍊位置　　拉鍊位置

依喜好壓線

18.8

23.8

※拼縫布片時皆進行落針壓線。

本體裡布

18.8

23.8

側身

3.5　　車縫0.5cm

1.5

底部

7.2　車縫邊1cm的四角方格

〈本體〉

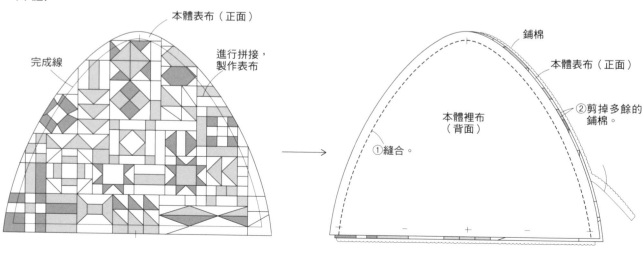

本體表布（正面）

完成線

進行拼接,製作表布

鋪棉

本體表布（正面）

②剪掉多餘的鋪棉。

本體裡布（背面）

①縫合。

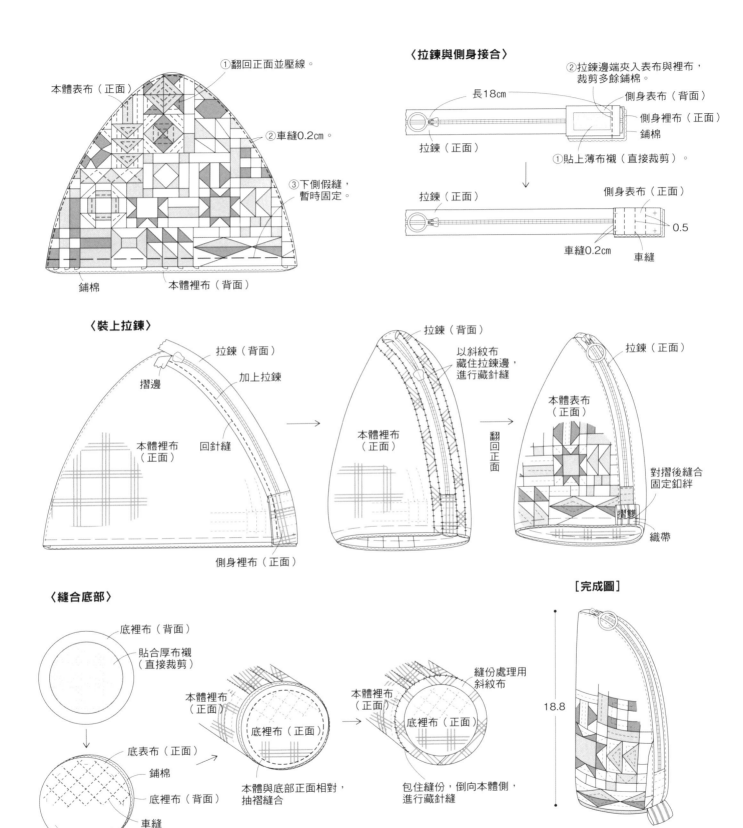

本體表布（正面）

①翻回正面並壓線。

②車縫0.2㎝。

③下側假縫，暫時固定。

鋪棉

本體裡布（背面）

〈拉鍊與側身接合〉

長18㎝

拉鍊（正面）

②拉鍊邊端夾入表布與裡布，裁剪多餘鋪棉。

側身表布（背面）

側身裡布（正面）

鋪棉

①貼上薄布襯（直接裁剪）。

拉鍊（正面）

側身表布（正面）

0.5

車縫0.2㎝

車縫

〈裝上拉鍊〉

拉鍊（背面）

摺邊

加上拉鍊

本體裡布（正面）

回針縫

側身裡布（正面）

拉鍊（背面）

以斜紋布藏住拉鍊邊，進行藏針縫

本體裡布（正面）

翻回正面

拉鍊（正面）

本體表布（正面）

對摺後縫合固定釦絆

摺雙

織帶

〈縫合底部〉

底裡布（背面）

貼合厚布襯（直接裁剪）

底表布（正面）

鋪棉

底裡布（背面）

車縫

本體裡布（正面）

底裡布（正面）

本體與底部正面相對，抽褶縫合

本體裡布（正面）

底裡布（正面）

縫份處理用斜紋布

包住縫份，倒向本體側，進行藏針縫

[完成圖]

18.8

8

23　樹木造型筆記本套　›› p. 049　原寸紙型　B面

[材料]

拼布・貼布縫・筆插用布…使用零碼布、外側布…棕色30×30cm・棕色系格紋布（斜紋布）40×10cm、內側布60×50cm、鋪棉・補強布各40×30cm、厚布襯60×25cm、紙板23×16cm2片、5號繡線各色適量、接著劑適量

[作法]

1 進行拼接・貼布縫・刺繡，製作表布，重疊鋪棉・補強布後壓線，放上紙板後包住。
2 內側貼上中央布，裝上筆插。
3 製作隔間及口袋，重疊於底布，縫合。
4 本體與底布貼合。

[配置圖]

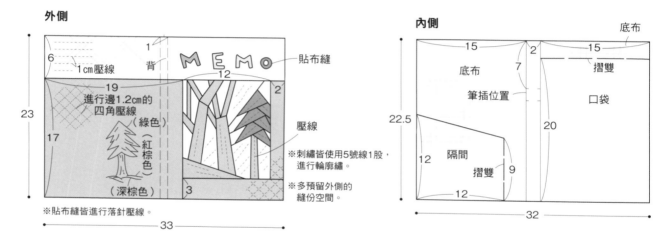

〈外側〉

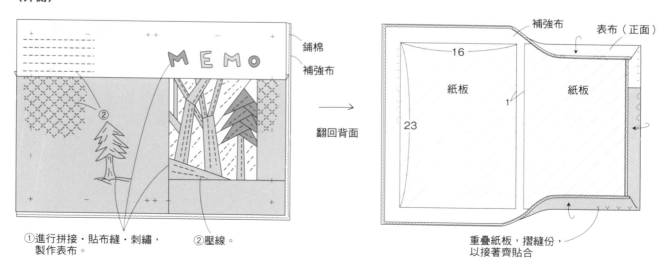

①進行拼接・貼布縫・刺繡，製作表布。

②壓線。

重疊紙板，摺縫份，以接著齊貼合

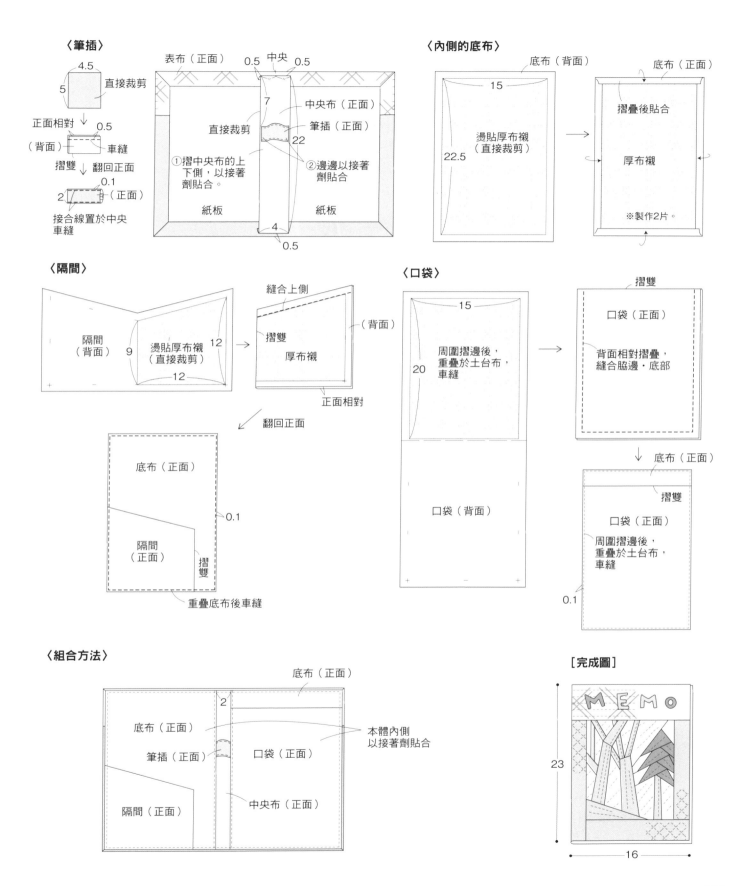

〈筆插〉

表布（正面）
0.5 中央 0.5

4.5
5
直接裁剪

正面相對 ↓ 0.5
（背面）
車縫
摺雙 ↓ 翻回正面
0.1
2 （正面）
接合線置於中央
車縫

7
中央布（正面）
直接裁剪
筆插（正面）
22
①摺中央布的上
下側，以接著
劑貼合。
②邊邊以接著
劑貼合
紙板
紙板
4
0.5

〈內側的底布〉

底布（背面）
15
燙貼厚布襯
（直接裁剪）
22.5

底布（正面）
摺疊後貼合
厚布襯
※製作2片。

〈隔間〉

隔間
（背面）
9
燙貼厚布襯
（直接裁剪）
12
12
縫合上側
摺雙
厚布襯
（背面）
正面相對

翻回正面

底布（正面）
0.1
隔間
（正面）
摺雙
重疊底布後車縫

〈口袋〉

15
周圍摺邊後，
重疊於土台布，
車縫
20
口袋（背面）

摺雙
口袋（正面）
背面相對摺疊，
縫合脇邊・底部

底布（正面）
摺雙
口袋（正面）
周圍摺邊後，
重疊於土台布，
車縫
0.1

〈組合方法〉

底布（正面）
2
底布（正面）
筆插（正面）
口袋（正面）
本體內側
以接著劑貼合
隔間（正面）
中央布（正面）

［完成圖］

23
16

24

貓咪與狗兒單提把包 ›› p.050 原寸紙型 B面

[材料]

貼布縫・釦絆用布…使用零碼布、前・後側用布…棕色系及灰色系印花布各25×20cm、提把用布…棕色系圓點圖案25×20cm、裡布50×20cm、縫份處理用斜紋布2.5cm×20cm、包邊布（斜紋布）3.5cm×20cm2款、鋪棉35×35cm、長14cm拉鍊1條、蠟線…粗（釦絆用）6cm・中粗（提把用）8cm・細（拉鍊裝飾用）10cm、長4cm的牛角釦1個、長2cm的串珠1個、25號繡線各色適量

[作法]

1 製作釦絆與提把。
2 進行貼布縫・刺繡，製作表布，縫合底部，重疊鋪棉・裡布，壓線。
3 袋口包邊處理，裝上拉鍊。
4 縫合脇邊，底部縫合側身。
5 縫合拉鍊脇邊側身，插入釦絆・提把，縫合。
6 加上拉鍊裝飾。

[配置圖]

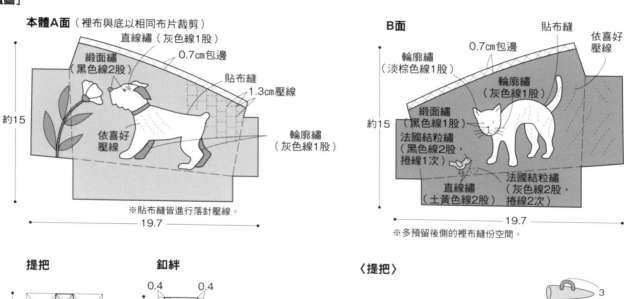

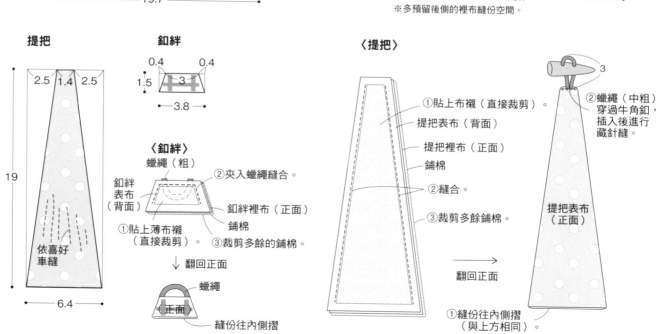

〈本體〉

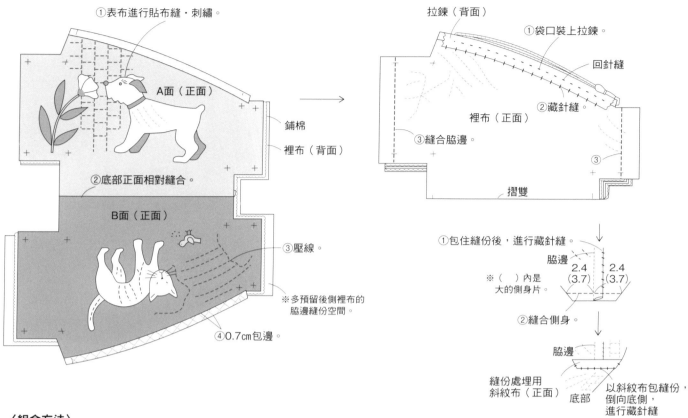

①表布進行貼布縫・刺繡。

鋪棉
裡布（背面）

A面（正面）

②底部正面相對縫合。

B面（正面）

③壓線。

※多預留後側裡布的
脇邊縫份空間。

④0.7cm包邊。

拉鍊（背面）

①袋口裝上拉鍊。

回針縫

②藏針縫

裡布（正面）

③縫合脇邊。

③

摺雙

①包住縫份後，進行藏針縫。

脇邊　2.4　2.4
　　（3.7）（3.7）

※（　）內是
大的側身片。

②縫合側身。

脇邊

縫份處埋用
斜紋布（正面）　底部

以斜紋布包縫份，
倒向底側，
進行藏針縫

〈組合方法〉

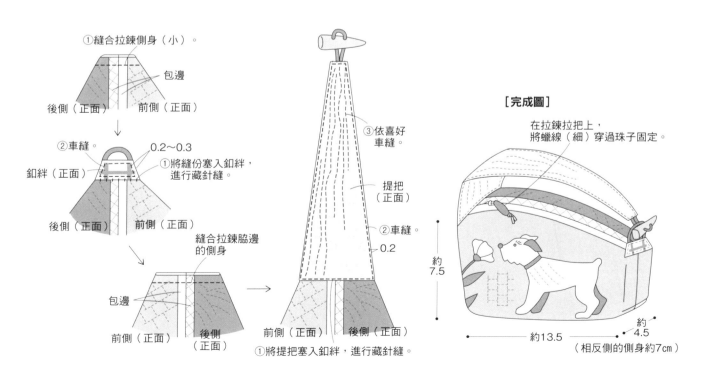

①縫合拉鍊側身（小）。

包邊

後側（正面）　前側（正面）

②車縫。　　　　　　0.2～0.3

釦絆（正面）

①將縫份塞入釦絆，
進行藏針縫。

後側（正面）　前側（正面）

縫合拉鍊脇邊
的側身

包邊

前側（正面）　後側（正面）

③依喜好
車縫。

提把
（正面）

②車縫。
0.2

前側（正面）　後側（正面）

①將提把塞入釦絆，進行藏針縫。

[完成圖]

在拉鍊拉把上，
將蠟線（細）穿過珠子固定。

約7.5

約13.5

約4.5

（相反側的側身約7cm）

101

25

動物貼布縫卡片夾 ›› p.052　原寸紙型　B面

[材料]

（依序為貓・狗・貓頭鷹）
貼布縫・細繩固定布…使用零碼布、下側表布與裡布…棕色系格紋布・灰色系格紋布・米色系印花布各20×15cm、上側表布與裡布・後側表布與裡布…土黃色系直紋・棕色系圓點圖案・灰色系格紋布20×20cm、薄布襯20×20cm（相同）、寬0.5cm的細繩…黑色・灰色・土黃色50cm、25號繡線各色適量

[作法]

1 上側表布重疊鋪棉後縫合。
2 進行貼布縫・刺繡後，製作下側表布，重疊裡布・鋪棉後縫合，壓線。
3 後側夾入細繩，重疊鋪棉。
4 縫合前・後側。
5 處理繩端。

[配置圖]

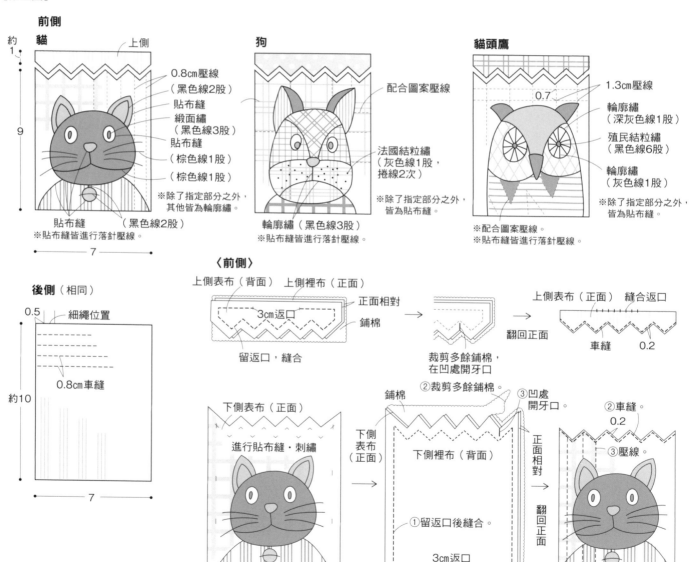

前側

貓
上側
約1
9
0.8cm壓線（黑色線2股）
貼布縫
緞面繡（黑色線3股）
貼布縫（棕色線1股）
（棕色線1股）
貼布縫 （黑色線2股）
※貼布縫皆進行落針壓線。
7

狗
配合圖案壓線
法國結粒繡（灰色線1股，捲線2次）
※除了指定部分之外，皆為貼布縫。
輪廓繡（黑色線3股）
※貼布縫皆進行落針壓線。

貓頭鷹
1.3cm壓線
0.7
輪廓繡（深灰色線1股）
殖民結粒繡（黑色線6股）
輪廓繡（灰色線1股）
※除了指定部分之外，皆為貼布縫。
※配合圖案壓線。
※貼布縫皆進行落針壓線。

後側（相同）

0.5
細繩位置
約10
0.8cm車縫
7

〈前側〉

上側表布（背面）　上側裡布（正面）
3cm返口
正面相對
鋪棉
留返口，縫合
→
裁剪多餘鋪棉，在凹處開牙口
→
上側表布（正面）　縫合返口
翻回正面
車縫　0.2

下側表布（正面）
進行貼布縫・刺繡
→
鋪棉
下側表布（正面）
下側裡布（背面）
①留返口後縫合。
3cm返口
②裁剪多餘鋪棉。
③凹處開牙口。
正面相對
翻回正面
→
②車縫。0.2
③壓線。
①縫合返口。

102

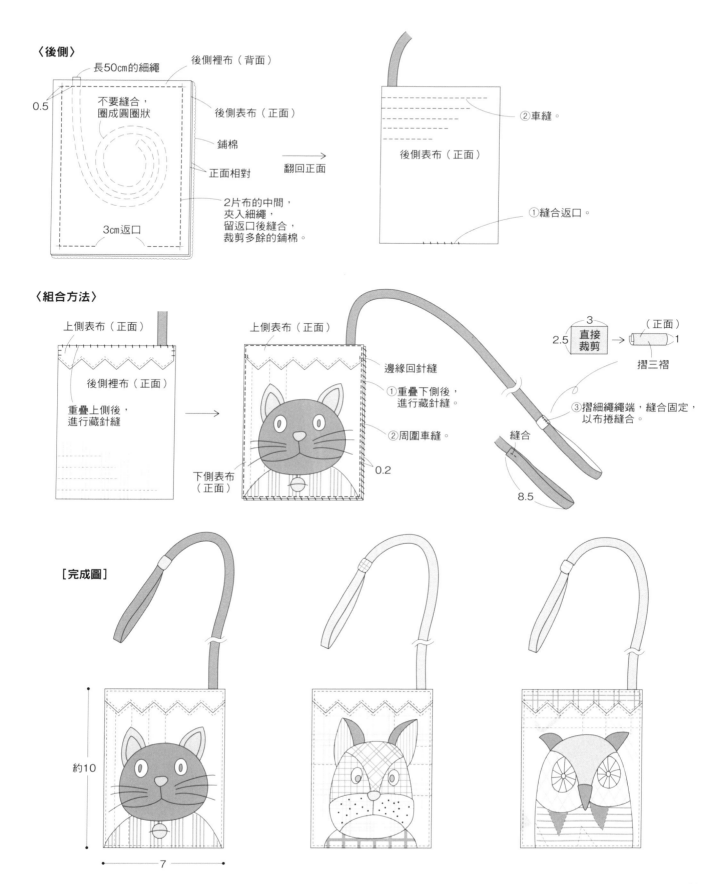

〈後側〉

長50cm的細繩
後側裡布（背面）
後側表布（正面）
0.5
不要縫合，
圈成圓圈狀
鋪棉
正面相對
翻回正面
2片布的中間，
夾入細繩，
留返口後縫合，
裁剪多餘的鋪棉。
3cm返口

②車縫。
後側表布（正面）
①縫合返口。

〈組合方法〉

上側表布（正面）
後側裡布（正面）
重疊上側後，
進行藏針縫

上側表布（正面）
邊緣回針縫
①重疊下側後，
進行藏針縫。
②周圍車縫。
下側表布
（正面）
0.2

3
2.5 直接裁剪
（正面）
1
摺三褶

③摺細繩繩端，縫合固定，
以布捲縫合。

縫合
8.5

[完成圖]

約10
7

PATCHWORK 拼布美學 30

斉藤謠子の美麗日常拼布設計集
溫馨收錄25款實用布包·布小物·家飾用品

作　　　　者／斉藤謠子
譯　　　　者／楊淑慧
發　行　　人／詹慶和
總　編　　輯／蔡麗玲
執　行　編　輯／黃璟安
編　　　　輯／蔡毓玲·劉蕙寧·陳姿伶·李佳穎·李宛真
執　行　美　編／陳麗娜
美　術　編　輯／周盈汝·韓欣恬
內　頁　排　版／造極
出　　版　　者／雅書堂文化事業有限公司
發　　行　　者／雅書堂文化事業有限公司
郵　政　劃　撥　帳　號／18225950
戶　　　　名／雅書堂文化事業有限公司
地　　　　址／新北市板橋區板新路 206 號 3 樓
電　　　　話／(02)8952-4078
傳　　　　真／(02)8952-4084
網　　　　址／www.elegantbooks.com.tw
電　子　信　箱／elegant.books@msa.hinet.net

2017 年 12 月初版一刷　定價 480 元

SAITO YOKO WATASHI NO QUILT (NV70401)
Copyright © YOKO SAITO ／ NIHON VOGUE-SHA 2017
All rights reserved.
Photographer:Hiroaki Ishii
Original Japanese edition published in Japan by Nihon Vogue Co.,
Ltd.
Traditional Chinese translation rights arranged with Nihon Vogue
Co., Ltd.
through Keio Cultural Enterprise Co., Ltd.
Traditional Chinese edition copyright © 2017 by Elegant Books
Cultural Enterprise Co., Ltd.

經銷／易可數位行銷股份有限公司
地址／新北市新店區寶橋路 235 巷 6 弄 3 號 5 樓
電話／(02) 8911-0825
傳真／(02) 8911-0801

斉藤謠子 Yoko Saito

拼布作家。重視色調的配色及用心製作的作品，除
了日本以外，在國外也獲得很多粉絲的支持。在電
視節目、及雜誌等各大平台上也很活躍。在千葉縣
市川市開設拼布商店＆教室「Quilt Party」。
也擔任日本vouge社拼布塾、NHK文化中心的講
師。著作繁多，多本繁體中文版著作皆由雅書堂文
化出版。

Quilt Party（商店＆教室）
千葉縣市川市市川1-23-2アクティブ市川2F
http://www.quilt.co.jp
http://shop.quilt.co.jp

作品製作團隊／山田数子、細川憲子、白石千恵子

STAFF
攝影／石井宏明
造型／井上輝美
書籍設計／竹盛若菜
圖案描寫／ tinyeggs stuidio 大森裕美子
編輯協助／鈴木さかえ　吉田晶子
編輯／代田泰子　石上友美

攝影協助／AWABEES · UTAWA

國家圖書館出版品預行編目資料

斉藤謠子の美麗日常拼布設計集：溫馨收錄 25 款
實用布包 . 布小物 . 家飾用品／斉藤謠子著 .
-- 初版 . -- 新北市：雅書堂文化，2017.12
　面；　公分 . --（拼布美學；30）
ISBN 978-986-302-398-2(平裝)

1. 拼布藝術 2. 手工藝

426.7　　　　　　　　　　　　106021512

patchwork quilt with my pleasure

patchwork quilt with my pleasure